뉴욕, 기억의 도시

뉴욕, 기억의 도시

건축가의 시선으로 바라본 공간과 장소 그리고 삶

이용민 지음

샘터

《뉴욕, 기억의 도시》는 뉴욕이라는 기념비적인 도시의 역사와 건축에 관심이 있는 모두에게 추천하고 싶다. 1장은 최초의 뉴욕인 뉴암스테르담부터 현재의 초고층 빌딩까지 건축적인 진화를 탐구하고, 2장은 뉴요커들이 어떻게 그들의 독특한 삶의 방식을 창조하게 되었는지 보여주면서 뉴욕의 독특한 건축을 배경으로 도시적인 라이프스타일과 문화를 논한다. 마지막으로 3장은 뉴욕의 상점과 소비 문화를 매혹적인 시각으로 관찰하면서, 뉴요커들이 어떻게 그들의 공간과 건축을 수익화하는지 말한다.

　　책에 수록된 멋진 이미지들과 함께 이 책은 빅 애플(뉴욕의 별칭)에 매료된 모든 사람에게 필수 도서가 될 것이다.

　　　　　　　　　　— 스테판 알Stefan Al, 버지니아 공과대학교Virginia Tech 건축학과 교수

저자의 전작 《뉴욕 건축을 걷다》는 당장이라도 답사를 떠나고 싶게 만드는 유혹으로 가득한 책이라면, 《뉴욕, 기억의 도시》는 차분히 앉아 그 답사를 회상하도록 권하는 책이다. 뉴암스테르담과 뉴욕 사이에 존재하는 여러 켜를 도시와 건축의 관점에서, 공간과 삶의 관점에서 건축가는 찬찬히 설명해준다. 뉴욕의 거리와 낭만, 건축, 그리고 사랑을 이해하는 좋은 길잡이로 이용되길 바란다.

— 이현희, 가천대학교 건축학과 교수

뉴욕,
기억의 도시

우리가 현재 살아가는 도시와 뉴욕은 어떤 관계가 있을까? 유럽에
가면 수천, 수백 년 전에 지은 성당이나 건축물, 박물관을 방문하고
전시를 보며 맛있는 음식을 먹고 쇼핑하는 것이 일반적이다. 뉴욕
은 유럽처럼 수천 년의 역사를 갖지 않았지만 약 400년의 역사를
가진 도시의 기억들이 쌓여 있다. 특히, 뉴욕은 현대 건축, 문화, 예
술의 트렌드를 이끄는 도시로서 세계의 수도로 불린다. 우리는 뉴
욕을 여행하며 박물관에서 전시를 보거나 브로드웨이와 타임스퀘
어에서 공연, 뮤지컬을 즐기며, 록펠러 센터 꼭대기의 전망대에서
뉴욕의 빌딩숲을 내려다보고 센트럴 파크와 브라이언트 파크에서
도시 라이프를 즐긴다. 이렇게 뉴욕에서의 여행은 비슷한 서양 문

화권인 유럽 여행과는 조금 다르다.

　나는 건축가로서 뉴욕이 현대 시대 도시의 특징을 잘 나타내는 곳 중 하나라고 생각한다. 이 책을 통해 뉴욕의 건축적, 도시적, 역사적, 인문적 의미를 파악하고 분석하여 오늘날 우리가 살아가는 도시와 뉴욕을 어떻게 바라보아야 하는지 함께 생각해보고 나누고자 한다. 뉴욕을 거울삼아 우리의 도시를 기억해보자. 우리의 도시와 우리의 삶은 어떻게 기억될까?

　뉴욕에 대한 관심은 대학생 시절 시작되었다. 나는 2013년 7월에 무작정 뉴욕으로 2주간 나홀로 여행을 떠났다. 학교에서 서양건축사 시간에 배운 내용을 직접 눈으로 보고 싶었기 때문이다. 건축가인 아버지는 유럽을 다녀오라고 추천하셨지만 현대 건축의 중심인 뉴욕에 먼저 가보고 싶었다. 2주간 여행하며 뉴욕이라는 도시에 더욱 관심을 갖게 되었고, 그냥 뉴욕이라는 도시에 있다는 것만으로도 좋았다. 그리고 이곳에서 꼭 공부해보고 싶었다. 전 세계에서 몰려드는 유학생들과도 경쟁해보고 싶었다. 마치 축구선수들이 잉글랜드 프리미어리그로 진출하기를 간절히 원하듯이.

　2017년에 뉴욕으로 유학을 가며 실질적으로 도시 뉴욕에서 거주하게 되었다. 뉴욕에서 공부하고 일하고 생활하는 것은 건축가로서 굉장히 감사한 순간이었다. 이를 통해 건축 디자인과 건축 문화에 대해 좀 더 시야를 넓힐 수 있었다. 또한 건축가로서 한국의 건축 문화에 조금이나마 기여하고 싶다는 생각도 하게 되었다.

그래서 2020년에 《뉴욕 건축을 걷다》를 출간하여 뉴욕의 현대 건축물들을 소개했고 이번에는 좀 더 범위를 넓혀 이 책을 집필하게 되었다. 이 책은 뉴욕의 건축뿐만 아니라 도시, 랜드스케이프, 그리고 장소에 대한 이야기를 담고 있다.

　나는 뉴욕에서 4년 동안 생활했다. 1년은 대학원을 다녔고 3년은 라파엘 비뇰리의 사무소에서 건축설계 실무를 수행했다. 뉴욕에서 보낸 4년은 대학교에서 책과 인터넷으로만 보던 뉴욕의 건축, 도시를 직접 보고, 듣고, 배울 수 있는 시간이었다. 나는 건축답사를 좋아해 세계 어느 도시를 가든 항상 건축물을 검색하여 방문할 리스트를 짜고 건축물의 내외부를 돌아다니며 사진을 찍는다. 이는 모니터 화면으로만 보던 건축 공간을 실제로 만져보고 느껴볼 수 있는 짜릿한 시간이다. 나에게 뉴욕은 기억의 도시인 셈이다. 뉴욕은 현대 건축의 중심이며 실험실이라고 생각한다. 뉴욕이 모든 도시의 롤모델이 될 수는 없지만 뉴욕의 건축을 보면 새로운 면이 많다. 1800년대 후반과 1900년대 초·중반에 유럽에서 미국으로 넘어온 건축가들이 뉴욕이라는 도시의 기본적인 풍경을 만들었다면, 21세기에는 세계 각지에서 온 건축가들이 새로운 건축을 뽐내는 장소가 되었다. 이러한 건축물들은 어떻게 생겨나게 되었을까? 그리고 이러한 건축물들이 모여서 만든 도시 뉴욕은 어떤 삶과 문화를 가지고 있을까?

　이 책은 크게 3개 파트로 구성되어 있다. 1장은 도시 뉴욕의 형성 과정과 건축이 전개되는 양상을 시간순으로 배열하여 전반적으로 뉴욕이라는 도시에 대한 이야기를 담았다. 2장은 뉴욕의 도시 라이프와 예술에 대한 이야기를 건축과 함께 엮었고 3장은 뉴욕의 패션과 쇼핑, 주거공간에 대한 건축 인문적 이야기로 구성했다. 이렇게 선정한 3개 파트의 소주제들은 도시 뉴욕을 형성하는 데 영향을 미친 이야기들, 건축, 역사, 인물 등을 중심으로 전개된다. 종합해보면, 이 책은 뉴욕의 건축과 도시를 바탕으로 하는 인문학적, 역사적인 이야기가 될 것이다. 건축이나 디자인 전공자가 아니어도 뉴욕에 관심 있는 모든 독자에게 열려 있는 책이 될 것이라고 기대한다.

나는 이 책을 뉴욕의 건축과 도시 이야기를 중심으로 엮었지만 이 책을 매개체Medium로 하여 건축 공간과 장소에 대해 대중과 함께 소통해보고자 한다. 책에 등장하는 뉴욕의 건축, 도시, 장소를 떠올리고 기억하며 한국 도시에 대해서도 고민해보자. 우리는 학창 시절 삶의 필수 3요소가 의, 식, 주라고 배웠다. 그중에서 '주'는 주거, 집을 의미한다. 그러나 한국은 1960~1980년대 한강의 기적이라는 고도성장기를 거치면서 가장 기본적인 요소 중 하나인 주거 문화는 거의 제자리걸음이라는 생각이 든다. 한국인 대부분은 획일화된 아파트라는 이름의 공동주택에 살고, 도시는 아파트 단지로 뒤덮여 있다. 이렇게 대규모로 완성된 아파트들은 장소의 맥락과 관계없이 남쪽만 바라보며 높이 서 있다. 상품성 때문이라고 한다. 물론 남향의 아파트는 기능적인 면에서 좋다. 그러나 기능과 시공성만 강조된 건축은 도시 라이프를 새롭게 창조할 수 없다. 아파트에 살고 있는 사람들조차 아파트 건축이 멋지다고 하는 사람은 별로 없으며 이러한 대형 아파트 단지가 우리가 보물로 물려받은 한반도의 자연적 요소인 산이나 하늘을 가리고 있다. 건축과 도시 문화가 조화를 이루면서 새로운 라이프를 만드는 도시를 만들 수는 없을까?

조금 작은 스케일로 생각해보자. 우리는 골목길을 걸을 때 건물 1층에 만든 필로티 주차장에 주차된 자동차를 보게 되고, 상가 건물은 1층부터 꼭대기층까지 상점으로 가득 차 있다. 이 책에서 다루는 뉴욕은 보통 1층은 상점, 2층 이상부터는 주거나 오피스 등으로 사용된다. 2층에 상점이 있는 경우는 거의 없으며 건물 전체가 상점인 경우는 백화점을 제외하고는 찾기 힘들다. 이는 작은 차이 같지만 도시 문화에 큰 영향을 끼친다. 한국은 걷는 도시를 계속 추구하지만 2층 위에 상점이 배치된 장소는 걷는 도시를 만들기가 힘들다. 상가 안에서만 걸어다닐 뿐. 아파트 단지 내에 중심상가를 없애고 그 상점들을 각 동의 1층에 수평적으로 배치한다면 지금보다 활기찬 분위기의 아파트 단지를 만들 수 있을 것이다. 주거와 상점의 출입구를 분리하는 조건은 필수. 상점이 1층에 생기면 오히려 범죄율이 낮은 안전한 아파트 단지가 될 것이다. 단지가 정겹던 옛날 골목길처럼 변할지도 모른다.

나는 융합의 건축을 꿈꾼다. 건축과 디자인의 융합, 디지털과 아날로그의 융합, 역사, 인문, 장소, 공간의 융합, 자연과 건축의 융합, 그리고 건축, 도시, 랜드스케이프의 융합. 특히 건축과 도시, 랜드스케이프를 융합하여 건축 실무에 적용하는 연구와 시도를 계속하고 있다. 이는 뉴욕이라는 도시에서 배우고 익힌 건축에서 영향을 받은 것이다. 물론 실무자로서 이러한 것들을 실제로 창조하는 것은 대단한 어려움이 따르지만 말이다.

우리나라의 미래 건축과 도시는 어떻게 되어야 할까? 조금 더 좁은 관점에서 한국의 건축은 어떻게 나아가야 할까? 통일 이후 한국 건축의 방향은 어떻게 될까? 그렇다면 서울과 평양의 건축은? 나는 이 책에서 뉴욕이라는 배경을 통해 이야기를 전개해나갈 것이다. 책에 실린 이야기들은 뉴욕의 건축과 도시뿐만 아니라 문화, 예술, 영화, 인문, 역사 등과 긴밀하게 연결되어 있다. 이 책의 내용들을 통해 한국의 건축과 도시에 대해 함께 고민해보자.

2023년 여름
뉴욕을 기억하며
이용민

브라이언트 파크에서 뉴욕의 하늘을 올려다보며

차례

1장.　낭만과 자유의 도시 뉴욕

도시 뉴욕의 형성과 건축

2장. 사랑과 예술은 뉴욕에서

뉴욕의 도시 라이프와 문화

3장. 공간을 판매합니다

뉴욕의 패션과 쇼핑, 그리고 아파트

EAST RIVER

FDR DRIVE
FDR DRIVE

GARDEN   COURT

NORTH LAWN
EXTENTION
                          ATRIUM

PUBLIC   GE
ENTRANCE   ASS

48th St.

47th St.
                          46th St.

FIRST

UNITAR
BUILDING

SIT
UNITED NATI
LONG TERM

1장

낭만과 자유의 도시 뉴욕

도시 뉴욕의 형성과 건축

뉴욕은 어떻게 생겨났을까?

도시 뉴욕의 시작, 뉴암스테르담

뉴욕은 원래 어떤 모습이었을까? 지금은 빌딩숲으로 불리지만 유럽인들이 식민지화하기 이전에는 푸른 초원과 같은 목초지였다고 한다. 미국의 생태학자 에릭 샌더슨Eric Sanderson이 2009년에 출간한 《매나하타Mannahatta》에는 맨해튼의 원래 모습을 추적하는 의미 있는 연구가 담겨 있다. 에릭 샌더슨은 1999년부터 2009년까지 10년 동안 생태학적 연구를 통해 뉴욕의 원래 모습과 현재 모습을 비교하는 '매나하타 프로젝트'를 진행했다. 결과는 충격적이었다. 울창한 숲으로 둘러싸인 초기 맨해튼과 인공 구조물로 뒤덮인 현재 맨해튼은 400년 동안 인간이 뉴욕에 무엇을 했는지 여실히 보여주었다. 또한 그는 맨해튼뿐만 아니라 뉴욕의 다섯 개 보로

Borough로 연구를 확장하는 웰리키아 프로젝트Welikia Project를 진행했다. 그는 웰리키아 1609 맵Welikia 1609 Map을 온라인으로 론칭하여 1609년의 뉴욕과 현재 뉴욕을 비교 분석했다. 그의 이러한 생태학적 연구는 뉴욕을 배경으로 자연Nature과 인간의 행태, 그리고 인류세人類世, Anthropocene에 대한 하나의 성명서라고 할 수 있다. 그럼 원래 숲으로 둘러싸여 있던 뉴욕은 어떻게 시작되었는지 살펴보자.

먼저 뉴욕이라는 이름은 어디에서 유래했을까? 원래 초원이었던 뉴욕 지역은 네덜란드인이 1624년에 점령한 뒤 뉴암스테르담으로 명명되었다. 네덜란드인들은 신대륙을 개척하면서 대서양 건너편에 있는 본토 수도인 암스테르담의 이름을 붙이고 새로운 수도를 만들고자 한 것이다. 이후 1664년에 영국의 함대가 뉴암스테르담을 점령했고 당시 영국 왕 제임스 2세James II of England, 1633~1701의 이름을 따서 뉴욕City of New York이라는 이름을 붙였다. 제임스 2세는 영국 황실의 둘째 아들로 요크 공작Duke of York으로 불렸다. 약 360년 전에 뉴욕이라는 이름이 역사에 등장한 것이다. 그러나 네덜란드인들은 가만히 있지 않았다. 그들은 1673년에 발발한 제3차 영국-네덜란드 전쟁을 통해 뉴욕을 탈환하여 뉴오렌지New Orange라고 이름을 바꾸었다. 그것도 잠시였다. 네덜란드는 1년 후인 1674년에 웨스트민스터 조약으로 뉴오렌지 지역을 영국에 돌려주기로 했다. 이는 네덜란드가 미국 대륙 동부의 식민지를 모두 잃게 되는 결과로 이어진다.

이처럼 초기 뉴욕을 만든 이들은 네덜란드인이다. 네덜란드인은 신대륙을 개척하는 과정에서 영국인 탐험가 헨리 허드슨Henry Hudson, 1565~1611을 고용하여 유럽에서 인도네시아로 가는 뱃길을 단축할 방법을 찾도록 했다. 이전까지는 남아프리카공화국의 희망봉을 돌아 아시아로 갔다. 1609년에 헨리 허드슨은 이 과정에서 지금의 허드슨강으로 불리는 지역을 최초로 항해하게 되었다. 이 항해로 맨해튼의 서쪽 강을 허드슨강으로 명명하게 된다. 허드슨의 항해 이후, 네덜란드 서인도회사라는 식민기업은 뉴욕의 초기 도시 조직을 만들기 시작한다. 현재 로어 맨해튼 지역에 항구를 만들고 인디언들과 교역을 통해 뉴욕주, 뉴저지주, 코네티컷주, 델라웨어주까지 거대한 미국 동부 지역을 식민화했다. 이에 반발한 인디언들이 네덜란드와 전쟁을 벌이지만 당해낼 수 없었다. 어쩌면 뉴욕의 형성은 서양 열강들의 욕심에서 비롯된 또 하나의 희생양이 아닐까?

네덜란드인이 점령한 뉴욕 지역의 초기 도시 조직을 살펴보자. 1660년에 네덜란드 출신의 측량사 자크 코텔류Jacques Cortelyou, 1625~1693가 그린 로어 맨해튼 지역의 지도인 카스텔로 플랜Castello Plan을 분석해보면 구불구불한 세 개의 남북축 대로와 동서축 성벽을 중심으로 도시가 계획된 것을 볼 수 있다. 카스텔로 플랜은 1660년에 그려졌지만 1900년에 이탈리아의 빌라 디 카스텔로 지역에서 발견되어 카스텔로 플랜으로 이름이 붙었다. 카스텔로 플

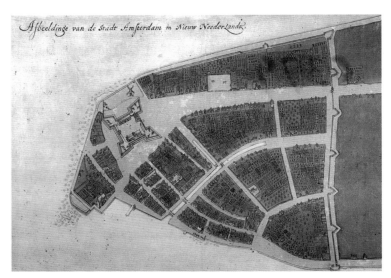

카스텔로 플랜(1660)

랜은 지금의 암스테르담 도시 조직을 단순화해놓은 것 같기도 하다. 네덜란드인들의 신대륙에 대한 꿈이었을까?

현재 맨해튼 최남단 배터리 파크가 위치한 곳에는 포트암스테르담Fort Amsterdam이라는 성채가 있었다. 포트암스테르담은 당시 뉴암스테르담의 행정청사였고, 1790년에 미국 대통령궁이 세워지기 전까지 현존했다. 포트암스테르담은 별 모양의 성채에 보루Bastion 4개를 설치하여 적을 방어했다고 한다.

뉴암스테르담은 행정청사였던 포트암스테르담을 중심으로 북서쪽에 대로인 브로드웨이Broadway를 만들었다. 브로드웨이가 이때 처음 형성된 것이다. 브로드웨이는 인디언이 다니던 북쪽 길과 연결되었고 이후에는 맨해튼의 그리드 체계에 변화를 유도하는 기다란 대로로 변모한다.

브로드웨이를 따라서 북쪽으로 가면 지금의 월 스트리트Wall Street가 있는 성벽과 맞닿는다. 당시 월 스트리트에는 실제로 성벽이 존재했기 때문에 나중에 이 길의 이름이 월 스트리트가 되었다는 설이 있다.

로어 맨해튼의 역사적인 길과 지역은 대부분 네덜란드인이 만든 뉴암스테르담이 기원이다. 지금도 로어 맨해튼 지역은 뉴암스테르담 당시에 만든 길과 도시 조직이 남아 있다. 마치 서울에 조선 시대의 길들이 남아 있는 것처럼.

네덜란드인이 처음 개척한 도시 뉴욕. 뉴암스테르담이라는 이름으로 시작된 그 당시 지역의 현재는 어떨까? 아직 도시 조직과 길들이 남아 있어서 1600년대 네덜란드인들의 흔적을 조금이나마 엿볼 수 있다. 월 스트리트를 따라서 걷다 보면 브로드웨이와 만나게 되고 브로드웨이를 따라 걸어내려가면 포트암스테르담이 있던 배터리 파크에 닿는다.

로어 맨해튼 지역을 걷다 보면 낭만적이라는 생각이 든다. 미드타운 맨해튼은 격자형의 완벽한 계획 도시의 특징을 보이지만 로어 맨해튼 지역은 구불구불하면서 좁은 길들이 만드는 분위기가 독특하다. 마치 서울에서 조선 시대의 길을 걷는 느낌이랄까? 게다가 이 좁은 옛날 길들 사이로 몇십 층의 건물들이 뻗어 있는 모습은 뉴욕에서만 볼 수 있는 진풍경이다. 도로는 왕복 1, 2차선인데 도로에 맞닿아 있는 빌딩은 20층, 30층이 넘는다. 현대 도시에서는 도로 폭이 좁으면 대지에서 도로의 폭을 확보해야 하기 때문에 절대 건축할 수 없는 빌딩이다. 소방차가 지나다니기 어렵기 때문이다. 또한 골목길 사이사이에 있는 유럽식 건물들과 브라운스톤 건물들은 과거와 현재가 공존하는 듯하다. 한국으로 치면 한옥과 현대 건축물이 어우러진 삼청동이나 인사동 같은 느낌이다. 과거 네덜란드인들이 뉴욕에 남긴 도시의 유산들을 약 400년이 지난 지금 우리가 걷고 있는 것이다. 기억들이 쌓여 있는 것처럼.

약 400년 전 유럽인들이 개척한 신대륙의 신도시 뉴암스테르담은 지금 세계의 수도로 불리는 뉴욕이다. 당시 전쟁을 불사하며 이곳을 차지하기 위해 싸운 네덜란드인과 영국인이 뉴암스테르담을 보는 시각은 어땠을까? 맨해튼의 남쪽은 도시로 구획이 되어 있지만 북쪽은 여전히 인디언들의 터전이던 지역. 삼면이 강과 바다로 둘러싸인 초원이었던 맨해튼. 지금은 상상할 수 없는 모습이지만 400년 전에는 그랬다. 뉴욕에서는 지금도 현대인들이 보이지 않는 힘의 다툼을 벌이고 있다. 예전처럼 물리적인 충돌은 발생하지 않지만 뉴욕이라는 도시에서 벌어지는 여러 가지 이슈는 전 세계인의 이목을 집중시킨다. 총성 없는 전쟁인 것이다.

* 옛날 뉴암스테르담의 도시 조직이 남아 있는 길
** 로어 맨해튼의 브로드웨이

격자형 도시의 낭만

뉴욕의 격자형 도시계획

900피트×264피트. 이 숫자는 뉴욕 맨해튼의 계획도시 그리드의 치수다. 미터 단위로 바꾸면 274m×80m의 직사각형이다. 뉴욕은 현대 도시계획의 모델과도 같다. 맨해튼에 가면 사방으로 뻥 뚫린 거리가 굉장히 인상적이다. 중세 유럽의 도시는 성당을 중심으로 도시 체계가 확장되었기 때문에 중앙집중형 도시계획이 일반적이다. 한국도 그렇다. 조선 시대에 만든 지도를 보면 한양의 길들은 궁궐을 중심으로 구불구불 퍼져 있다. 맨해튼처럼 대로가 쭉 뻗어 있는 도시는 현대에 전 세계적으로 형성된다. 서울 강남이나 경기도의 신도시에 가보면 그리드 체계의 크기는 다르지만 맨해튼의 도시계획과 굉장히 유사한 것을 볼 수 있다. 미국의 도시들도 마찬가지다. 동부지역보다 늦게 개발된 서부지역의 로스앤젤레스, 시애틀, 샌프란시스코 등은 뉴욕 맨해튼의 도시계획을 모델로 개발되었다. 서부의 도시들은 맨해튼의 그리드보다 사이즈가 크게 형성되어 걷는 도시가 아니라 자동차 중심의 도시가 발달한 이유가 되었다. 지금도 로스앤젤레스에 가면 걸어다니거나 대중교통을 이용하기보다 자동차를 운전해서 이동하는 것이 일상적이다. 이처럼 도시계획은 도시인들의 삶을 형성하는 중요한 요소 중 하나다.

뉴욕의 도시계획은 1811년 위원회 계획Comissioners' Plan of 1811으로 완성되었다. 1811년 위원회 계획은 맨해튼의 소호 근방인 14번가 하우스턴 스트리트Houston Street부터 어퍼 맨해튼의 워싱턴 하이츠 155번가까지의 도시계획을 일컫는다. 이는 직사각형의 격자 패턴으로 맨해튼 전체를 다시 정비하는 도시계획인데, 흔히 그리드 플랜으로 불리며 현재 뉴욕 맨해튼의 독특한 도시적 정체성을 나타낸다.

1811년 위원회 계획은 균형 있는

1811년 위원회 계획(1893)

도시 개발과 토지 공급을 목적으로 제안된 현대적인 도시계획이다. 이 계획은 '1811년 위원회'라는 단체가 제정했는데 이 위원회는 무엇일까? 1807년 뉴욕주 입법부는 공동의회에서 제안한 세 명을 맨해튼 도시계획 위원으로 임명했다. 거버너 모리스Gouverneur Morris, 1752~1816, 존 러더퍼드John Rutherfurd, 1760~1840, 시므온 드 비트Simeon De Witt, 1756~1834가 1811년 위원회를 구성하게 된 것이다.

뉴욕의 도시계획을 담당하게 된 세 위원에 대해 알아보자. 거버너 모리스는 정치가이자 미국 건국의 아버지로 불리는 사람이다. 그는 미국 헌법 전문을 쓴 헌법의 집필자이자 뉴욕주 상원의원이었다. 존 러더퍼드는 변호사이자 정치가였다. 그는 뉴욕시에서 법조인으로 활동했고 뉴저지주의 상원의원이었다. 시므온 드 비트는 지리학자이자 측량 기술자였는데 뉴욕주의 측량을 책임지는 총책임자였다. 그는 뉴욕주의 지도를 처음으로 제작했으며 뉴욕시 외에도 뉴욕주의 주도인 올버니와 이타카의 도시계획에도 참여했다. 이렇게 다양한 배경을 가진 위원들은 바로 뉴욕의 도시계획을 추진했다.

도시계획을 위해 가장 먼저 해야 할 일은 맨해튼의 정확한 측량이었다. 측량사로 찰스 프레더릭 로스가 임명되었지만 그는 맨해튼의 측량을 담당하기에는 능력이 조금 부족했다. 그가 측량에서 몇 차례 오류를 범하자 위원회는 그에게 단지 몇 개 도로의 정확한 위치를 포함한 맨해튼의 지도를 그려달라고만 요청했다. 이후 그는 위원회를 떠나게 되고 존 랜들 주니어John Randel Jr., 1787~1865가 수석 측량사로 임명되었다. 이때부터 본격적으로 뉴욕의 그리드 도시계획이 시작된다.

존 랜들 주니어는 만 20세에 뉴욕 도시계획의 수석 측량사가 된 것이다. 그는 위원회 멤버인 시므온드 비트의 사무실에서 근무

맨해튼 서쪽의 첼시 지역 지도(1815)

하던 직원으로 능력이 탁월했다. 존 랜들 주니어의 뉴욕 도시계획은 세 단계로 나뉜다. 첫 번째는 1808년부터 1811년까지 위원회 계획 출판, 두 번째는 1811년부터 1817년까지 진행된 측지 측량과 그리드 패턴을 토지에 새기는 작업, 마지막 단계는 실제 시공된 도시계획을 바탕으로 1821년까지 맨해튼의 정밀 지도를 만드는 작업이었다. 1811년 위원회 계획이 발표되고 존 랜들 주니어는 계속해서 뉴욕의 도시계획에 대한 구체적 작업에 착수한다. 그는 1817년까지 6년 동안 구체적 측량을 완료하고 맨해튼 땅에 실제 그리드 패턴을 새기기 시작했다. 존 랜들 주니어와 그의 직원들은 거리 번호가 새겨진 1,549개의 표시를 각 교차로에 배치했다. 뉴욕의 그리

드가 역사에 드러나기 시작한 것이다.

존 랜들 주니어가 계획한 맨해튼의 그리드 패턴은 단순히 격자형 도시를 만드는 것이 아니었다. 그는 격자형 도시 체계 안에 여러 개의 사각형 대지를 합쳐 공공공간을 곳곳에 배치했다. 그리고 과거 인디언의 길이었던 브로드웨이를 계획에 반영했다. 그가 최종적으로 제작한 맨해튼의 지도에는 그리드 패턴의 새로운 도시에 빨간색으로 표시한 기존의 길들도 표시되어 있다. 그는 과거 뉴욕의 기억을 간직하고자 한 것일까? 또한 그가 계획한 뉴욕 그리드 중심부에는 더 퍼레이드The Parade라고 불리는 대형 공공공간이 있었다. 더 퍼레이드는 1700년대에 빈민의 무덤Potter's Field으로 사용되었는데, 지금의 23번가에서부터 34번가, 그리고 3rd 애비뉴부터 7th 애비뉴까지 이르는 대규모 공간이었다. 위원회 계획 이후 더 퍼레이드는 미군의 무기고, 막사 공간으로 사용되다가 1847년에 매디슨 스퀘어 파크Madison Square Park로 조성되었다. 이 공간은 비록 규모는 작아졌지만 쉐이크쉑 버거Shake Shack Burger의 1호점이 자리한 뉴욕의 대표적인 도시 공원으로 사용되고 있다.

이렇게 계획된 뉴욕은 시간이 지나면서 조금씩 수정되었다. 가장 대표적인 케이스가 센트럴 파크다. 1811년 위원회 계획의 도면에는 센트럴 파크 같은 대형 공원이 없었지만 1840년대부터 뉴욕의 인구 증가에 따른 도시 공공공원의 필요성이 대두되기 시작했다. 결국, 1811년 위원회 계획이 수정되어 맨해튼 북쪽 중심에 있는 수십 개의 그리드 블럭을 하나의 센트럴 파크로 만들게 되었다. 센트럴 파크는 격자형 도시로 구성된 뉴요커들에게 낭만과 감성을 더하는 중요한 공간이 되었다.

　뉴욕의 그리드 패턴 도시는 많은 건축, 도시 분야 전문가들에게 비평을 받아왔다. 이는 지금까지도 계속된다. 도시 전체를 격자형 체계로 만들어 도시 개발과 교통 부분에서는 효율적이지만 도시가 삭막해질 수 있는 우려와 창의성을 말살시킨다는 평가도 존재했다. 한번 재미있는 상상을 해보는 것도 좋겠다. 만약에 뉴욕을 그리드 패턴이 아니라 네덜란드인들이 뉴암스테르담을 만든 것처럼 구불구불한 도시로 만들었다면 지금의 뉴욕은 어떻게 변했을까? 아마도 다른 나라에 있는 신도시들도 영향받았을 것이고 우리가 지금 살고 있는 도시의 체계도 많이 달라졌을 것이다.

　뉴욕의 도시계획에 대해 전문가들은 어떠한 의견을 내놓았을까? 센트럴 파크를 디자인한 19세기의 조경 건축가 프레더릭 옴스테드Frederick Olmsted, 1822~1903는 그리드 패턴의 도시계획에 전반적으로 부정적이었다. 그는 맨해튼이 원래 가지고 있던 지형과 표면의 흔적이 말살되었다는 의견을 냈다. 또한 직선으로 각진 도로와 단조로움에 유감을 표시하며 '도시 뉴욕의 무감각한 방식이 가장 최악'이라고 평가했다.

　그렇다면 현대 건축가들은 뉴욕의 그리드를 어떻게 생각했을까? 네덜란드 출신의 현대 건축가 렘 콜하스Rem Koolhaas, 1944~는

• 　남북으로 열린 뉴욕의 애비뉴
•• 　동서로 열린 뉴욕의 스트리트

1978년에 집필한 《광기의 뉴욕Delirious New York》에서 "뉴욕의 그리드 패턴 도시계획이 꿈꾸지도 못한 자유를 창출했다"라고 했다. 뉴욕의 격자형 도시에 대한 찬양이 담겨 있다. 그는 뉴욕의 건축을 혼잡함 속에서의 패러다임으로 해석하여, 대도시의 혼잡한 문화에 대한 새로운 유형으로 뉴욕의 도시계획을 긍정적으로 평가했다. 이러한 평가는 우루과이계 미국인 건축가 라파엘 비뇰리Rafael Viñoly의 의견과도 유사하다. 라파엘 비뇰리는 "뉴욕의 도시계획이 미국 실용주의의 성명서와 같다"고 했다.

뉴욕의 도시계획에 대해서는 아직도 의견이 분분하다. 어떤 관점에서 보느냐에 따라 긍정적일 수도 있고 부정적일 수도 있다. 그러나 한 가지 중요한 것은 1811년에 디자인한 뉴욕의 도시계획이 미국과 전 세계 현대 도시에 많은 영향을 끼쳤다는 사실이다. 격자형 도시계획이 200년 후에 만들어지는 현대 한국의 도시에도 벤치마킹된다는 것을 어떻게 받아들여야 할까? 서울의 초기 신도시인 강남 지역과 경기도 1기 신도시인 분당, 평촌, 일산, 그리고 2010년대 이후 개발된 판교와 세종시 등도 뉴욕의 그리드 패턴 도시계획에 영향을 받았다.

격자형 도시는 분명 효율적이다. 도시를 정비하거나 관리하기에도, 개발하기에도 편하다. 그러나 격자형 도시는 본래 대지가 가지고 있던 고유의 지형이나 흔적을 해칠 수도 있다. 2020년대를 살아가는 우리는 어떠한 선택을 해야 할까?

뉴욕의 웨딩 케이크 빌딩은 무엇일까?

20세기 초반 뉴욕의 도시 풍경

뉴욕의 도시 시스템은 뉴욕뿐만 아니라 다른 나라 현대 도시의 풍경에도 영향을 미치고 있다. 뉴욕은 1800년대 후반부터 고층 빌딩이 많이 지어졌고 이에 따라 도시가 삭막해지고 일조권, 통풍 등의 도시적 문제가 생겨나게 되었다. 물론, 이 당시에 지어진 건축물들이 지금 보면 낭만적이면서 큰 규모로 보이지는 않지만 말이다. 상자처럼 지은 현대 고층 빌딩들과 대비되는 신고전주의풍 Neo Classical의 고층 빌딩들은 과거로 돌아간 듯한 기분을 느끼게 한다. 어쨌든 당시 뉴욕은 이러한 도시적 문제들을 해결하기 위해 1916년 조닝 규제 1916 Zoning Resolution를 시행한다. 1916년 조닝 규제는 뉴욕 도시의 과밀도를 해소하고자 제정한 일종의 건축 규제다. 이렇게 도입된 최초의 도시 건축 규제가 뉴욕의 풍경을 어떻게 바꾸었는지 살펴보자.

　뉴욕은 1800년대 중반부터 도시 인구가 폭발적으로 증가했다. 1820년대에 약 12만 명에 불과하던 뉴욕시의 인구는 1890년대가 되자 151만 명으로 약 12배 증가한다. 1900년대가 되자 약 343만 명이 되었고 1910년대에는 약 476만 명으로 크게 증가한다. 뉴욕의 부동산 개발업자들은 도시로 몰려드는 인구를 수용하기 위해 건물을 높게 짓기 시작했다. 건축 개발에 대한 제한이 거의 없던 시절의 뉴욕은 높은 빌딩 때문에 거리에 빛이 들어오지 않는 문제에 직면하게 된다. 뉴욕시는 이렇게 폭발적인 인구 증가로 발생하는 도시적, 사회적 문제를 중재하고자 1916년에 조닝 규제를 제정한 것이다. 현대 도시에서도 인구 300만 명의 도시는 굉장한 대도시다. 한국에도 300만 명 이상의 도시는 서울, 부산, 인천 세 곳밖에 없을 정도인데 1910년대 뉴욕의 인구가 476만 명이면 환경오염이나 교통 체증, 환기 및 일조권 등 많은 도시적 문제가 야기되었으리라고 예상할 수 있다. 그렇다면 이러한 문제를 해결하기 위해 도입한 1916년 조닝 규제는 무엇일까?

　당시 뉴욕에 건축물을 짓기 위해서는 반드시 이 규제 안에서 건축행위를 해야 했는데 이는 뉴욕의 도시 풍경을 새롭게 바꾸는 계기가 되었다. 도로에서 일정한 각도로 가상의 선을 만들어 건축물의 높이에 사선 제한을 도입한 것이다. 이는 뉴욕에 새롭게 짓는

모든 빌딩이 규정된 사선에 건축물의 끝선을 맞추고 셋백 Setback °
을 거듭하는 웨딩 케이크 스타일 Wedding-Cake Style 의 건축물을 탄생
하게 만들었다. 건축물이 몇 단으로 쌓인 결혼식장의 웨딩 케이크
와 비슷한 형태이기 때문이다.

처음 이런 건축물들을 보았을 때 '저 건물은 왜 저렇게 테라스
를 많이 만들었을까?' 하며 궁금해한 기억이 있다. 아무 이유 없이
건축가들이나 부동산 개발업자들이 저런 형태를 만들었을까? 오피
스 건물 같은 데 테라스가 외부에 있으면 일하는 사람들 입장에서
는 좋을 것 같았다. 뉴욕에서 생활하면서 이에 대해 공부해보고 찾
아보았는데 바로 1916 조닝 규제 때문에 생긴 건축형태였다.

사선 제한과 더불어 건물의 높이, 대지 내 오픈 스페이스 면적
도 대지 크기와 면적에 대비하여 규제되었기 때문에 건축가와 시
공사, 개발업자는 하루아침에 완전히 다른 건축을 해야만 했다. 그
래서 지금도 뉴욕에는 웨딩 케이크 모양의 빌딩이 많이 남아 있다.
한 가지 아쉬운 것은 웨딩 케이크 빌딩의 후퇴한 잉여 공간이다.
이렇게 공중에 후퇴한 면적이 많이 있는데도 적극적으로 테라스로
사용하지 않는다는 것이다. 몇몇 빌딩은 이곳에 테라스를 설치하
기도 하지만 대부분 버려진 공간으로 방치하고 있다. 이러한 외부

○   시가지의 일조日照, 통풍을 위해 건물의 상부가 하부보다 후퇴하는 형태로, 단형후퇴段型
後退라고도 한다.

공간을 오피스의 테라스로 사용한다면 공간 환경적으로 유리한 점이 많은데 건축가 입장에서는 아쉬움이 남는 공간이다.

1916년 조닝 규제는 미국에서 도시 단위로는 첫 번째로 제정된 조닝 규제다. 1915년 로어 맨해튼 지역에 에퀴테이블 빌딩 Equitable Building 이라는 고층 건물이 지어졌는데 이 빌딩은 일조권에 대한 배려가 없다는 이유로 많은 논란에 휩싸이게 되었다. 로어 맨해튼 지역은 미드타운 맨해튼 지역보다 길의 폭이 좁아서 빌딩을 높게 지을 경우에는 햇빛을 거의 가리는 문제가 야기될 수 있었다. 에퀴테이블 빌딩의 높이는 165m이며 빌딩에 면한 북쪽의 세다 스

1915년 에퀴테이블 빌딩의 투시도

에퀴테이블 빌딩

트리트Cedar Street 와 남쪽의 파인 스트리트Pine Street 의 폭은 10m다. 북서쪽에 20m 폭의 브로드웨이가 있지만 북쪽과 남쪽의 건물들과 도로에서는 사람들이 햇빛을 거의 볼 수 없게 된 것이다. 보통 한국에서 8m 도로와 면한 대지에는 3~5층 높이의 저층형 주택이나 근린생활시설, 상가 등이 지어진다. 만약에 이러한 곳에 165m 높이의 40층짜리 오피스 빌딩이 들어선다면 상상을 초월하는 스케일의 일조권 침해가 발생할 것이다.

이러한 논쟁 속에서 이듬해인 1916년에 뉴욕시는 건축물의 높이를 규제하는 건축물 사선 제한을 도입하여 일조권을 지키고 열린 공간환경을 도시에 제공하고자 했다. 이때부터 뉴욕에 웨딩 케이크 스타일의 건축물이 지어지기 시작했다. 사선 제한이라는 건축법을 지키면서 용적률을 최대화하는 방법을 건축가들과 부동산 개발업자들이 아이디어를 제안하고 이에 적응하며 건축물을 지은 것이다.

웨딩 케이크 빌딩을 탄생하게 한 1916년 조닝 규제는 과연 도시의 환경을 한층 더 좋게 만들었을까? 분명 도시 뉴욕과

웨딩 케이크 스타일의 뉴요커 호텔 빌딩

뉴요커들에게는 도로에서 일조량을 증가시키는 효과가 있었다. 가상의 사선이 건축물의 매스Mass가 연속적으로 후퇴하도록 유도했기 때문이다. 1916년 조닝 규제에 따르면 도로 폭의 2.5배 높이만큼의 외벽만 도로에 면하게 지을 수 있었다. 이에 맞추어 가상의 사선을 긋고 도로에서 점차 멀어지는 건축형태를 만들 수밖에 없었다. 예를 들면 80피트 폭의 도로에 면한 건축물의 외벽은 200피트 높이까지만 지을 수 있고 그 뒤로는 가상의 사선에 따라서 웨딩케이크 모양의 건물이 만들어졌다.

이는 도시 미관적인 측면이나 개발적 관점에서는 논란이 많았다. 당시 고층 빌딩 옹호자인 건축가 하비 와일리 코벳Harvey Wiley Corbett, 1873~1954은 건축가이자 삽화가인 휴 페리스Hugh Ferriss, 1889~1962를 고용하여 뉴욕의 1916 조닝 규제에 대한 다이어그램Evolution of the Set-back Building을 그리도록 했다. 휴 페리스는 4단계로 구성된 이미지를 통해 뉴욕의 조닝 규제를 따르는 건축물의 형태에 대한 스터디를 진행했다. 결과는 충격적이었다. 그는 조

조닝 규제에 대한 휴 페리스의 다이어그램

닝 규제에서 규정한 사선 제한에 건축물의 볼륨을 최대화한 후, 기능적으로 매스를 깎거나 후퇴시키는 방식의 드로잉을 통해 실제로 이러한 건축물이 맨해튼에 지어질 수 있음을 보여준다.

휴 페리스는 1929년에 출판한 《내일의 대도시The Metropolis of Tomorrow》에서 뉴욕의 1916년 조닝 규제를 우회적으로 비판한다. 그는 "뉴욕의 1916년 조닝 규제는 기술 전문가들이 지극히 실용적인 측면에 기반하여 고안했다. 빌딩의 볼륨을 크게 제한함으로써, 빌딩을 점유하는 사람의 숫자를 제한했다. 또한 적은 사람들만이 도로나 피난 동선에 접근할 수 있게 되었다. 뉴욕의 조닝 규제는 건축의 가능한 효과를 고민하는 데 전혀 영감을 주지 못한다"라고 서술했다.

이러한 비판에도 1916년 조닝 규제는 한동안 유지되었다. 도시 뉴욕이 일조권과 환경에 대한 욕구가 더 컸기 때문일까? 이후 뉴욕에는 곧게 솟은 고층 빌딩은 거의 지어질 수 없었고 연속된 셋백으로 구성된 빌딩들이 완성된다. 대표적으로 뉴요커 호텔New Yorker Hotel, 1930과 120 월 스트리트 빌딩120 Wall Street, 1930, 유니버설 픽처스 빌딩The Universal Pictures Building, 1947이 있다. 이들 모두 전체적으로 건축물의 연속된 셋백이 특징이다. 이러한 형태는 도로 폭을 기준으로 규정한 가상의 사선 제한 때문이었다. 건축법이 건축물의 형태를 완전히 바꾸어놓은 것이다.

이는 현대 도시에서도 마찬가지로 영향을 준다. 서울 강남구

웨딩 케이크 스타일의 120 월 스트리트 빌딩

의 테헤란로가 대표적이다. 테헤란로는 지구단위계획으로 조닝 규제를 하고 있어서 정해진 건축선과 용적률, 공개공지 등이 규정되어 있다. 따라서 테헤란로에는 도로에서 일정 거리가 떨어진 건축선에 맞추어 건축물들이 일렬로 배열된 모습을 볼 수 있다.

도시 환경과 경제적 가치. 현대 도시에서 우리는 어떤 것을 더 우선해야 할까? 뉴욕의 1916년 조닝 규제는 분명 도시 환경에 커다란 변화를 가져왔다. 열린 공간과 충분한 일조량을 사람들에게 주는 것도 중요하고 부동산 개발업자들이 건물의 부가가치를 창출하는 것도 도시에서는 중요하다. 건축가로서 나는 두 가지 관점을 적절하게 절충하는 것이 중요하다고 생각한다. 뉴욕에서 처음으로 제정된 도시에 대한 규제는 우리에게 많은 교훈을 남겨준다.

초고층 빌딩의 경쟁이 시작되다

뉴욕의 랜드마크 빌딩

타임머신을 타고 1920년대 뉴욕으로 가보자. 미드타운 맨해튼이 빌딩숲으로 변해갔지만 뉴암스테르담으로 시작된 로어 맨해튼 지역이 아직은 뉴욕의 중심이었다. 당시 로어 맨해튼에는 70 파인 빌딩70 Pine, 1905과 울워스 빌딩Woolworth Building, 1913 등 고층 타워들이 이미 지어져 있다. 그렇다면 뉴요커들의 문화는 어땠을까? 제1차 세계대전1914~1918이 종결된 이후 뉴욕은 세계의 중심 도시로 떠오르고 있었다. 미국은 세계대전에서 승전국 지위에 오르게 되어 물질과 산업, 금융이 최고 호황이던 시절이었다. 그 중심에 있던 도시가 바로 뉴욕이고 사람들은 물질과 쾌락을 즐기기 시작했다. 또한 뉴올리언스에서 유행하던 재즈 음악이 뉴욕에서도 흥행하게 되었으며 물질의 풍요에 힘입어 고층 빌딩들이 지어졌다. 부자들에게 고층 빌딩을 소유하는 것은 진정한 부자라고 인식되는 분위기였다. 아르데코 건축Art Déco은 이러한 분위기에서 탄생했다. 사실 아르데코 건축은 뉴욕에서 태동한 것이 아니다. 아르데코는 프랑스 파리에서 탄생했고 뉴욕에서 전성기를 맞이한다. 그렇다면 아르데코 건축은 어떻게 뉴욕에서 유행하게 되었을까?

제1차 세계대전이 끝난 직후인 1920년대 프랑스 파리에서는 여성의 사회적 역할이 대두되기 시작했다. 세계대전을 겪으면서 여성의 노동력이 산업현장에 투입되었고 이는 전쟁을 감당하던 남성들을 적극적으로 후원하는 원동력이 되었다. 여성의 사회적 역할과 참여가 활발해진 것이다. 따라서 1920년대 여성들은 이전과 다르게 술을 마시고 춤을 추는 자유로운 이미지의 여성상을 가지게 되었고 이는 예술과 건축, 인테리어에 영향을 미치게 된다. 아르누보 시대보다 더욱 실용적이고 단순한 미학이 조금씩 자리 잡게 되었고 이는 아르데코의 태동으로 이어진다. 아르데코의 이러한 특징은 1930년대 이후 모더니즘 건축으로 나아가는 과도기적 특징을 나타내기도 한다. 그 영향으로 당시 파리에서 모더니즘 건축을 추구하던 르코르뷔지에Le Corbusier, 1887~1965와 로베르 말레-스테뱅스Robert Mallet-Stevens, 1886~1945 같은 건축가가 떠오르기 시작했다.

아르데코라는 명칭은 1925년 파리에서 열린 현대장식미술International des Arts Décoratifs 만국박람회에서 비롯되었다. 아르데코 건

엠파이어 스테이트 빌딩

축은 단순한 직선으로 구성된 기하학적 건축형태, 실용적인 공간 구성, 절제된 장식이 특징이다. 장식적인 측면에서 아르누보가 자연적 디테일의 장식을 추구했다면 아르데코는 인물이나 동물 등의 장식, 조각을 추구했다. 또한 다국적인 문명에서 나타나는 장식을 포용하여 이국적인 미학을 보인다는 것이 주목할 점이다.

　뉴욕에는 아르데코 건축의 걸작품이 많이 있는데 대표적인 것을 꼽으라면 엠파이어 스테이트 빌딩과 크라이슬러 빌딩이다. 두 빌딩의 건설과정에는 당시 세계 최고 높이의 건물이 되고자 서로 치열하게 경쟁한 흥미로운 스토리가 있다. 엠파이어 스테이트

크라이슬러 빌딩 상부

빌딩과 비슷한 시기에 미국의 자동차 회사 크라이슬러의 창립자인 월터 크라이슬러Walter Chrysler, 1875~1940가 추진하던 크라이슬러 빌딩은 세계 최고 높이의 빌딩을 짓기 위해 첨탑을 추가하여 319m 높이의 타워를 만든다. 300m가 넘는 초고층 빌딩의 시대가 열린 것이다. 크라이슬러 빌딩 이전에 가장 높았던 빌딩은 283m의 40 월 스트리트40 Wall Street 빌딩인데, 월터 크라이슬러는 크라이슬러 빌딩이 40 월 스트리트뿐만 아니라 엠파이어 스테이트 빌딩의 높이도 충분히 능가할 것이라고 자신했다. 그래서 크라이슬러 빌딩의 로마네스크 스타일 지붕 돔을 뾰족한 첨탑으로 바꾼 것이다.

한편, 엠파이어 스테이트 주식회사의 존 라스코브도 자신들의 빌딩이 세계 최고 높이의 건물이 되기를 원했다. 그들은 원래 계획에서 5개층을 더 높게 만들고 첨탑까지 추가하도록 계획안을 재검토했는데 당시 1916년 조닝 규제의 사선 제한이 걸림돌이 되었다. 엠파이어 스테이트 주식회사의 사장인 앨프리드 스미스는 1929년 11월에 대지의 서쪽 5개 필지를 매입하여 23m 더 높게 지을 수 있도록 만들었다. 그럼에도 그들은 엠파이어 스테이트 빌딩이 크라이슬러 빌딩보다 단 1.2m 높은 점에 불안감을 느낀다. 한 달 후, 그들은 건물의 높이를 381m(안테나 포함 443m)로 수정하고 그 위에 단순한 첨탑이 아닌 61m 높이의 왕관과 함께 계류탑까지 설치하기로 결정했다. 1929년 12월 엠파이어 스테이트 빌딩의 최종 계획안이 발표되었고 1930년 3월에 착공하여 1931년 4월 완공된다. 이로써 세계 최고 높이 빌딩의 경쟁에서 엠파이어 스테이트 빌딩이 완승하게 된다. 크라이슬러 빌딩보다 100m 이상 높은 건물을 짓게 된 것이다. 엠파이어 스테이트 빌딩은 이후 1972년 월드 트레이드 센터 쌍둥이 빌딩이 지어지기 이전까지 미국에서 가장 높은 건축물이라는 타이틀을 가지게 되었다.

이렇게 재미있는 스토리로 완성된 두 건물에는 또 하나의 스토리가 있다. 당시 두 빌딩 모두 2년도 안 되는 시간에 300~400m의 초고층 건물을 완공한 것이다. 엠파이어 스테이트 빌딩은 건축가 리치먼드 슈리브Richmond Shreve, 1877~1946와 윌리엄 램William Lamb, 1883~1952이 설립한 슈리브, 램 & 하먼Shreve, Lamb & Harmon (아서 하먼 Arthur Harmon, 1878~1958이 1929년에 파트너로 합류)이 디자인했으며 크라이슬러 빌딩은 윌리엄 밴 앨런William Van Alen이 건축가였다.

먼저 착공한 크라이슬러 빌딩은 1928년 9월에 공사가 시작되어 1930년 5월에 완공되었다. 세계 최초로 1000피트가 넘는 빌딩이 완성된 역사적인 사건이 되었다. 윌리엄 반 앨런은 크라이슬러 빌딩이 완공된 직후 〈아키텍처럴 포럼〉이라는 매거진에서 이렇게

STAGES IN THE DESIGN FOR THE CHRYSLER BUILDING—FINAL STAGE IS SHOWN AT THE RIGHT—WILLIAM VAN ALEN, ARCHITECT

Materials are used in an interesting way in this building as follows: First story and entrances in black granite; second and third stories in Georgia marble, black, white, and gray brick above with some Georgia marble inlays; copings and entire top feature in Nirosta Steel; spandrels from 19th to 22nd stories in ornamental aluminum.

- 크라이슬러 빌딩(1930)
- • 크라이슬러 빌딩의 디자인 발전 과정

말한다. "구름을 꿰뚫는 바늘과 같은 크라이슬러 빌딩의 첨탑은 대중에게 홍보에 대한 가치를 더욱 스펙터클하게 만들 것이다." 이는 그의 디자인에 대한 자부심이 담겨 있다.

엠파이어 스테이트 빌딩은 1931년에 완성되었는데 세계 대공황Great Depression임에도 건설이 중단되지 않고 약 1년 10개월 만에 완공되었다. 이는 대공황 때문에 뉴욕의 다른 건설 현장이 중단되고 엠파이어 스테이트 빌딩을 비롯해 몇 군데 공사 현장만 운영된 결과였다.

서울 롯데타워2016가 약 6년, 63빌딩1985이 약 5년 만에 완공된 것을 생각해보면 크라이슬러 빌딩과 엠파이어 스테이트 빌딩이 얼마나 빠르게 지어졌는지 알 수 있다. 그것도 1930년대 초반에 말이다.

1930년대 사람들은 이 건축물을 보고 얼마나 놀라웠을까. 지금 보아도 건축의 형태나 디테일이 예사롭지 않은데 말이다. 당시 강 건너 퀸즈나 뉴저지 지역은 지금처럼 고층 빌딩이 하나도 없던 지역이었다. 1930년대 미드타운 맨해튼에 200m가 넘는 초고층 빌딩이 지어졌다고 생각해보자. 그것도 지붕 첨탑에 화려한 장식과 조명이 설치된 빌딩이라면 더욱 놀라웠을 것이다.

참고로 한국에서 처음 200m가 넘는 빌딩은 1985년에 완성된 249m의 63빌딩이다. 마치 1980년대 초 서울에 63빌딩이 지어졌을 때와 비슷한 느낌이었을 것이다. 어렸을 때 당시 여의도 공원에서 굉장히 높은 63빌딩을 바라보던 기억이 난다.

크라이슬러 빌딩과 엠파이어 스테이트 빌딩은 뉴욕 마천루의 역사를 품고 있다. 2000년대 이후 중동과 중국에서 초고층 빌딩이 도시를 대표하는 랜드마크로 인식되면서 과도한 경쟁을 하게 되었는데, 엠파이어 스테이트 빌딩은 지금으로부터 90년 전에 그 경쟁에서 승리했다는 것이 인상적이다. 엠파이어 스테이트 빌딩은 당시 세계 최고 높이의 빌딩이었지만 지금은 뉴욕에서는 일곱 번째, 세계에서는 53번째로 높은 빌딩이 되었다. 828m 높이로 현재 세계에서 가장 높은 빌딩인 두바이의 부르즈 할리파Burj Khalifa, 2010보다 380m 정도 낮다. 어쨌든 높이와는 상관없이 여전히 뉴욕의 상징은 엠파이어 스테이트 빌딩으로 통한다. 나는 다른 지역을 여행하다가 뉴욕으로 다시 돌아올 때 멀리서부터 보이는 엠파이어 스테이트 빌딩을 보면 '다시 집으로 돌아왔구나' 하는 안도감이 들었다. 뉴욕 어디서든 볼 수 있고 사람들이 가장 친근감을 느끼는 엠파이어 스테이트 빌딩이야말로 뉴욕의 진정한 랜드마크가 아닐까?

또 다른 뉴욕을 만나다

/

뉴욕 안의 또 다른 뉴욕, 록펠러 센터

뉴욕을 걷다 보면 또 다른 뉴욕을 만날 수 있다. 뉴욕 안의 뉴욕이라니? 살짝 실감이 나지 않는다. 한국에도 많이 알려진 뉴욕 여행의 필수 코스인 록펠러 센터 Rockefeller Center 다. 이곳은 마치 도시 뉴욕을 축소해놓은 듯한 고풍스러운 건축물과 상업시설, 문화시설, 업무시설 등이 한 장소에 집약되어 있다. 맨해튼 미드타운의 쇼핑 거리인 5th 애비뉴를 따라 걷다 보면 자연스럽게 록펠러 센터를 마주하게 된다. 록펠러 센터의 황색 테라코타 외벽, 금빛 장식과 거대한 규모는 1900년대 초반 뉴욕 자본주의의 상징 같기도 하다.

총 19개 건축물로 구성된 록펠러 센터는 역사상 최고 부자로 불리는 석유재벌 가문인 록펠러 가문에서 건립을 추진했다. 그들은 미국에서 생산되는 석유의 95%를 독점하여 막대한 부를 축적했다. 당시 록펠러 가문의 리더인 존 D. 록펠러 시니어John D. Rockefeller Sr., 1839~1937는 뉴요커들을 위해 200년 동안의 수도 요금을 모두 내주었고 록펠러 대학교Rockefeller University와 시카고 대학교University of Chicago를 설립하고 약 4,900개의 교회를 지은 사회적인 기업가다. 덕분에 나도 뉴욕에서 4년 동안 살면서 수도요금을 내본 적이 없다. 처음 뉴욕에서 자취방을 계약할 때 수도요금이 없다는 사실에 놀란 기억이 있다. 존 D. 록펠러 시니어는 역사상 최고의 부자답게 돈 쓰는 것도 화끈했다. 당시 존 D. 록펠러 시니어의 재산을 현재 가치로 환산하면 약 488조 원이라고 한다. 요즘 세계 최고 부자인 빌 게이츠나 일론 머스크보다도 많은 액수다.

이러한 영향으로 그의 아들 존 D. 록펠러 주니어John D. Rockefeller Jr., 1874~1960도 가문의 이름을 걸고 추진한 록펠러 센터 외에 뉴욕현대미술관MoMA, 링컨 센터Lincoln Center 등 굵직한 문화, 교육 시설을 후원했을 만큼 1900년대 초·중반 뉴욕의 도시 풍경에 중요한 역할을 했다.

록펠러 센터(1939)

자신들의 이름을 걸고 뉴욕 안의 또 다른 뉴욕을 만든 록펠러 센터는 어떻게 만들어졌을까? 1930년대 뉴욕으로 가보자.

록펠러 센터가 지어진 땅들은 아이비리그 대학 중 하나인 컬럼비아 대학교 소유였다. 컬럼비아 대학교가 1823년에 엘긴 보태닉 가든Elgin Botanic Garden이라는 식물원으로 사용하던 곳을 구입한 것이 시초였고, 이후 1983년에 소유권을 록펠러 센터에 완전히 넘긴다. 1926년에 메트로폴리탄 오페라는 새로운 오페라 하우스를 지어 이곳으로 이전하는 계획을 추진한다. 당시 존 D. 록펠러 주니어는 메트로폴리탄 오페라의 후원자였으며 그들의 새로운 오페라 하우스 건설에도 지원하게 된다. 그는 먼저 컬럼비아 대학교에서 이 땅을 87년간 임대하는 계약을 체결했고 오페라 하우스를 비롯한 빌딩들의 건설 계획을 본격화한다. 존 D. 록펠러 주니어는 토드, 로버트슨 토드Todd, Robertson and Todd라는 건축가 그룹을 디자인 고문으로 고용하여 오페라 하우스와 콤플렉스를 감독하게 했다. 또한 그는 대규모 개발에 대한 디자인을 담당할 건축가로 코벳, 해리슨 & 맥머레이Corbett, Harrision & MacMurray, 후드, 가들리 & 후이유 Hood, Godley & Fouilhoux 그리고 라인하르트 & 호프마이스터Reinhard & Hofmeister를 고용했다. 록펠러 센터의 규모에 걸맞은 건축가 그룹을 구성한 것이다.

이렇게 연합체로 구성된 건축가 그룹에서는 수석 건축가로 후드, 가들리 & 후이유의 건축가 레이먼드 후드Raymond Hood,

1881~1934가 선정되었다. 레이먼드 후드는 당대 최고의 건축가 중한 명이었다. 그는 1881년생이며 1934년에 작고할 때까지 신고딕건축Neo Gothic과 아르데코 양식을 기반으로 활동하며 건축작품들을 남겼다. 레이먼드 후드는 브라운 대학교에서 수학, 수사학, 프랑스어학, 드로잉 등을 공부한 후 매사추세츠 공과대학교MIT에서 정식으로 건축학을 공부한다. 그는 MIT에서 콩스탕-데지레 데스프라델Constant-Désiré Despradelle, 1862~1912 교수에게 보자르 스타일의 교육을 받고 이후에 프랑스 파리의 에콜 데 보자르에서 건축을 공부한 후 미국으로 돌아온다. 그의 대표작으로는 록펠러 센터를 비롯하여 아메리칸 스탠다드 빌딩1924, 시카고 트리뷴 빌딩1925 등이 있다.

연합체로 구성된 건축가들은 메트로폴리탄 오페라 하우스를 포함한 건축설계에 돌입한다. 그러나 1929년에 경제 대공황이 터지면서 메트로폴리탄 오페라 하우스는 더 이상 자금을 마련할 수 없게 되었고 곧바로 계획안에서 사라진다. 상황이 이렇게 되자 존 D. 록펠러 주니어와 그의 건축가들은 이윤을 최대화하기 위한 방향으로 계획을 수정한다. 바로, 미국의 전자회사인 RCA 그룹과 그들의 자회사인 NBC 방송국, 영화사 RKO를 임차인으로 섭외하는 데 성공하여 거대한 대중매체 콤플렉스를 구상했다.

1930년 1월 텔레비전과 음악, 라디오, 영화, 연극을 한 공간에서 즐길 수 있는 록펠러 센터 콤플렉스에 대한 새로운 계획안이 공

개되었다. 이는 1930년대 뉴욕의 문화를 잘 보여준다. 당시 뉴욕은
제1차 세계대전에서 승전국 지위를 얻음으로써 물질과 풍요가 절
정에 달하던 시기였다. 또한 대중 미디어가 발달하여 라디오에서
음악이 흘러나오고 극장에서는 영화 상영이 이어졌다. 이때 텔레
비전도 처음 개발되었다. 이렇게 록펠러 센터에 대한 계획안이 공
개된 후, 록펠러 센터의 공사를 위해 기존에 있던 228개의 빌딩은
모두 철거되었고 약 4,000명의 세입자들도 다른 곳으로 이사 가게
되었다. 개발 당시에 존 D. 록펠러 주니어는 상업시설에 자신들의
이름을 쓰기를 꺼렸지만 록펠러 가문의 홍보 고문인 아이비 리 Ivy

록펠러 센터 콤플렉스

Lee는 임차인을 더 많이 끌어들이기 위하여 그를 설득했고 결국 록펠러 센터로 명명되었다.

록펠러 센터는 1931년에 착공하여 1939년에 완성되었다. 4만~6만 명이 록펠러 센터 건설에 고용되었다고 한다. 록펠러 센터의 타워와 대부분의 건물은 오피스로 사용되며, 중심이 되는 GE 타워의 톱 오브 더 록 전망대Top of the Rock는 뉴욕에서 최고의 전망대로 손꼽힌다. 이곳은 뉴욕의 랜드마크인 엠파이어 스테이트 빌딩을 정면으로 바라볼 수 있는 유일한 전망대다. 그래서 이곳에서 선셋 타임을 즐기기 위해서는 최소 며칠 전이나 몇 주 전에 티켓을 예약해야 할 정도로 뉴욕 최고의 뷰 맛집이다. 록펠러 센터의 저층부와 지하공간은 쇼핑, 리테일 공간으로 사용되어 5번가의 쇼핑거리와 연계된 미드타운 맨해튼의 최대 상업적 중심공간으로 기능하고 있다.

2010년대의 허드슨 야드 프로젝트를 제외하면 뉴욕에서 역사상 최대 규모의 개발이었다. 게다가 록펠러 센터 개발은 허드슨 야드와 다르게 뉴욕 맨해튼 한복판을 개발하는 것이었다. 록펠러 센터는 당시 뉴욕의 건축, 부동산, 경제, 사회가 얼마나 발전되었는지 잘 보여준다.

록펠러 센터는 아르데코 양식의 건축물답게 건축물 내외부에 화려한 장식과 조각이 설치된 것을 볼 수 있다. 나는 록펠러 센터가 아르데코 건축의 절정을 보여준다고 생각한다. 크라이슬러 빌딩이 독특한 색채와 화려한 지붕의 형태 및 조명으로 유니크한 아르데코 건축물을 표현했다면, 록펠러 센터는 전후 아르데코 건축물이 극대화되어 표현된 듯한 느낌이 든다. 마치 록펠러 센터의 장식들은 유럽 귀족들의 궁전에서나 볼 수 있는 돈으로 치장한 건축물을 보는 것 같기도 하다. 건축물의 입구마다 설치된 금빛 장식들은 존 D. 록펠러 주니어가 자신들의 자본을 과시하고 싶어 했기 때문일까? 아니면 록펠러 가문의 궁전일까?

1930년대에 완성된 화려한 장식들이 2020년대인 지금 보면 새로운 느낌으로 다가온다. 모더니즘과 포스트모더니즘 건축을 거쳐 현대 건축에서는 이러한 장식들이 거의 존재하지 않기 때문에 더욱 독특하다. 록펠러 센터의 장식들은 바로크Baroque 건축이나 아르누보 양식Art Nouveau 의 건축에서 내외부에 새겨진 장식 같기도 하다. 그러나 바로크나 아르누보의 장식들과는 다르게 록펠러 센터의 장식은 직선, 사선형의 패턴과 화려한 재료로 마감된 것이 특징이다.

록펠러 센터의 내외부 장식에 대해서 록펠러 가문의 자산운용사에서 몇 년간 근무했던 지인에게 물어본 적이 있다. 그는 록펠러 센터의 장식들이 당시 문화와 사람들의 가치관을 투영한다고 전해주었다. 당시 록펠러 가문의 수장이던 존 D. 록펠러 시니어와 존 D. 록펠러 주니어의 세대에 걸친 가치관 차이는 오랜 기간 개발된 록펠러 센터의 장식에 영향을 미치게 되었다고 한다. 독실한 기독교 신자인 아버지와는 다르게 존 D. 록펠러 주니어는 자본주의적 가치관에 좀 더 영향을 받았고 이는 그리스·로마 신화와 기독교 문화가 뒤섞이는 결과를 낳게 되었다.

대표적으로 록펠러 센터 맞은편에 있는 세인트 패트릭 성당St. Patrick's Cathedral을 바라보는 아틀라스 조각상이 있다. 이 작품은 당시 성당 측에서 설치를 반대했다. 어떻게 그리스·로마 신화의 우상이 성당 바로 앞에 있을 수 있는가! 하지만 아틀라스 조각상은 오히려 성당과 하나님을 경배하는 형상으로 완성되어 록펠러 센터, 세인트 패트릭 성당과 오묘하게 조화를 이룬다. 지인의 말을 빌리면 록펠러 센터는 오브제적 가치관Objectivism과 종교적 가치관이 미묘한 긴장 속에서 서로 뒤섞여 있다고 표현하는 것이 좋을 듯하다.

록펠러 센터의 조각상 중에서 주목해 보아야 할 것이 있다. 록펠러 센터가 개발되던 1930년대는 텔레비전이 세계 최초로 발명된 시기인데 텔레비전을 형상화한 조각상이 건물의 외벽에 상징적으로 새겨졌다. 록펠러 센터의 전망대인 톱 오브 더 록으로 들어가는 1층 입구 상부에 새겨진 조각상을 보자. 먼저 오른쪽에 있는 조각상을 자세히 들여다보면 한 사람이 카메라를 들고 무언가를 찍는 듯한 제스처를 하고 있고, 오른쪽에 있는 아이 같은 사람은 무언가를 바라보고 있다. 왼쪽에 있는 조각상도 비슷하다. 오른쪽에 있는 사람은 한 손으로 카메라를 들고 춤추는 사람들을 찍는 듯한 형상을 취하고 있다. 이 조각상을 만든 조각가는 프랑스의 에콜 데 보자르에서 공부한 레오 프리들랜더Leo Friedlander, 1888~1966다. 그는 새로운 문물인 텔레비전을 조각상을 통해 사람들에게 설명한 것이다.

　록펠러 센터의 외벽뿐만 아니라 내부에 새겨진 장식이나 그림 등도 독특하다. 록펠러 센터에서 가장 높으면서 중심 건물인 GE 빌딩의 내부에는 로비의 정면부에서부터 화려한 그림이 새겨져 있고 기둥은 모두 황금빛 금속으로 마감되어 오피스 빌딩인지 어느 귀족의 궁전인지 오묘한 느낌이 든다. 공간적인 구성은 여느 오피스 건물과 똑같은데 과거 르네상스Renaissance 시대 귀족들의 궁전 같은 화려함에 도취된다. 내부의 바닥이나 천장 등도 고가의 재료로 마감되었는데 이러한 아르데코 건축의 매력은 현대 시대의 건물에서는 느낄 수 없는 독특함 그 자체다.

　록펠러 센터의 중심부에는 콤플렉스의 중심으로 기능하는 선큰Sunken 광장이 있다. 이 선큰 광장은 여름철에는 야외 레스토랑으로 사용되며 겨울에는 아이스링크로 변모한다. 이는 브라이언트 파크Bryant Park가 여름에는 잔디광장, 겨울에 아이스링크로 사용되는 것과 유사하다. 사람들은 이 선큰 광장에서 여름에는 야외 레스토랑 테이블에서 록펠러 센터를 배경으로 식사를 즐기며, 겨울에는 스케이트를 타면서 록펠러 센터의 대형 크리스마스트리를 감상한다. 록펠러 센터 선큰 광장의 중심에는 금빛 조각상이 설치되어 있는데 이 조각상이 선큰 광장을 더욱 돋보이게 하고 중요한 공

*   록펠러 센터의 내부 벽화
**   록펠러 센터 외벽에 새겨진 텔레비전 조각상
*** 록펠러 센터 출입구 외벽의 장식들

간으로 만들어준다. 겨울철에 설치하는 크리스마스트리는 선큰 광장의 바로 뒷편에 있어 조각상, 록펠러 센터, 선큰 광장을 배경으로 하는 최고의 인생사진 장소다. 록펠러 센터의 크리스마스트리는 바라만 봐도 낭만적이다.

　록펠러 센터 콤플렉스의 마스터플랜은 격자형 도시 뉴욕의 콘텍스트에 딱 들어맞게 배치되어 있다. 록펠러 센터의 지상층에는 상업공간들과 산책로인 콩코스Concourse가 있어서 48번가부터 51번가, 그리고 5th 애비뉴부터 6th 애비뉴까지 연결된다. 록펠러 센터의 1층과 지하층은 모두 리테일 공간으로 사용되어 바로 앞에 있는 5번가의 쇼핑거리, 색스 백화점Saks과 함께 거대한 쇼핑 타운을 이룬다. 특히 백화점은 크리스마스 시즌에는 건축물의 파사드를 크리스마스 장식과 LED 조명으로 화려하게 치장하는데 록펠러 센터의 크리스마스트리와 함께 크리스마스 시즌 최고의 명소다. 록펠러 센터의 지하층 역시 지하철과 연계되어 사람들의 발걸음을 붙잡는다.

　록펠러 센터의 거대한 상업시설은 문화시설인 라디오시티 뮤직

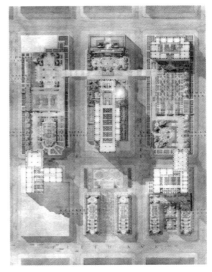

록펠러 센터 마스터플랜(1931~1935)

홀, 톱 오브 더 록 전망대와 강력하게 연결된다. 라디오시티 뮤직홀은 5,960석의 대형 공연장으로 뉴욕에 있는 대부분의 대학은 이곳에서 졸업식을 진행한다. 라디오시티 뮤직홀은 모더니즘 건축가로 알려진 에드워드 듀렐 스톤Edward Durell Stone이 아르데코 양식으로 디자인했다. 이러한 요소들은 록펠러 센터에 가면 무조건 돈을 쓸 수밖에 없도록 거리마다, 장소마다 장치를 해놓은 듯하다. 뉴욕 최고의 전망대와 공연장, 5번가와 바로 인접한 상업시설, 지하철과 연계된 지하 리테일 공간과 레스토랑은 록펠러 센터의 도시적인 파워가 엄청나다는 것을 보여준다.

라디오시티 뮤직홀

록펠러 센터에 대한 이야기를 마무리하면서 크리스마스트리를 빼놓을 수 없다. 뉴욕 크리스마스의 상징인 록펠러 센터의 크리스마스트리는 1931년부터 시작되었다. 1931년은 미국이 대공황에 빠져 있던 시기였고, 록펠러 센터가 건설되고 있었다. 경제적으로, 사회적으로 암담하던 시절, 록펠러 센터 건설현장의 노동자들은 크리스마스에라도 웃음을 띠기 위해 크리스마스트리를 세우게 되었다. 크리스마스트리에 각종 장식을 하고 크리스마스를 기념하며 대공황을 이겨냈다. 대공황 시기에 세워진 록펠러 센터의 크리스마스트리는 이후에 뉴욕의 크리스마스를 상징하는 새로운 랜드마크가 되었다.

특히 2018년 크리스마스 때는 건축가 다니엘 리베스킨트 Daniel Libeskind 가 패션 주얼리 회사인 스와로브스키 Swarovski 와 협업하여 디자인한 크리스마스트리의 별을 설치하여 더욱 뜻깊은 시간이 되었다. 다니엘 리베스킨트의 크리스마스트리 별은 14년 만에 교체되는 것이었다. 당시 록펠러 센터에는 그가 설계한 다이아몬드 형태의 스와로브스키 팝업 스토어가 광장에 세워지기도 했다.

록펠러 센터는 뉴욕 안에 있는 또 하나의 도시다. 건축적인 관점에서는 아르데코 건축의 정수를 보여주며 사회적, 경제적, 도시적 파급효과는 상상을 초월한다. 1930년대에 지은 건축물과 콤플렉스라고는 믿기지 않는다. 모더니즘 건축의 또 다른 거장 건축가인 르코르뷔지에는 록펠러 센터가 지어진 이후 이곳에 와서 건축물들을 보고 매우 좁고 높아서 효과적인 동선 구성에 의문을 품었다고 한다. 록펠러 센터가 완성되고 수십 년이 지난 지금, 우리가 보고 사용하는 록펠러 센터는 어떠한가?

록펠러 센터의 크리스마스트리 장식

보편적인 건축

뉴욕의 모더니즘 건축과 인터내셔널 스타일

'Form ever follows function'. 우리 말로는 '형태는 기능을 따른다'. 이 명제는 어디선가 한번 들어보았을지도 모른다. 1800년대 후반에 건축가 루이스 설리번Louis Sullivan, 1856~1924이 주창한 이 명제는 1930년대 이후 미국에서 모더니즘 건축이 유행하는 데 결정적으로 기여한다. 루이스 설리번은 시카고를 기반으로 활동했고 그가 활발하게 활동했을 때는 시카고 대화재 이후 시카고학파로 대표되는 고층 건축물이 우후죽순 지어지던 시절이었다. 영국에서 태동한 산업혁명 이후 유럽에서 넘어온 대량생산을 기반으로 하는 건축이 시스템화되던 시기였고 엘리샤 오티스Elisha Otis가 엘리베이터를 발명하여 초고층 빌딩의 시대를 여는 기폭제가 되었다. 1800년대 중반 이후 뉴욕은 폭발적으로 성장한다. 격자 패턴을 기반으로 도시 계획이 완성된 뉴욕은 본격적으로 자본을 이용한 도시 개발이 진행되었고 때마침 제1차, 제2차 세계대전이 끝나면서 미국은 승전국 지위를 얻게 된다. 이때부터 도시 인구 증가와 고도 경제 성장기를 기반으로 전후 모더니즘 건축의 전성기가 시작된다.

현대 건축은 크게 모더니즘 건축 이전과 이후로 나뉜다. 모더니즘 건축은 한국어로 번역하면 현대 건축이다. 모더니즘 이전의 건축은 고대 건축, 중세 건축으로 분류된다. 모더니즘 건축을 대표하는 다섯 명의 거장 건축가가 있다. 일반적으로 르코르뷔지에Le Corbusier, 발터 그로피우스Walter Gropius, 프랭크 로이드 라이트Frank Lloyd Wright, 루트비히 미스 반데어로에Ludwig Mies Van der Rohe, 알바 알토Alvar Aalto를 지칭한다. 프랭크 로이드 라이트는 시카고 지역을 기반으로 활동하던 미국인 건축가이고, 미스 반데어로에와 발터 그로피우스는 독일 출신으로 제2차 세계대전 이후에 미국으로 이민을 온다. 미스 반데어로에는 시카고를 중심으로, 발터 그로피우스는 보스턴을 중심으로 활동한다. 르코르뷔지에는 스위스 태생으로 프랑스에서 활동했고 알바 알토는 핀란드 기반의 건축가다. 르코르뷔지에는 유럽에서, 알바 알토는 북유럽을 무대로, 나머지 세 건축가는 미국에서 활동하게 된다.

재미있는 것은 발터 그로피우스와 미스 반데어로에가 미국으로 이민 오기 이전에 독일 건축가인 페터 베렌스Peter Behrens,

1868~1940 사무소에서 실무를 수련했는데 당시 그의 사무소에는 르 코르뷔지에도 근무하고 있었다. 모더니즘 건축의 거장들을 직원으로 거느린 페터 베렌스는 어떤 건축가일까? 페터 베렌스는 독일에서 후반기의 유겐스틸Jugendstil과 초반기 독일공작연맹Werkbund에 깊이 관여했다. 유겐스틸은 영어로 'Young Style'이며 자연의 무늬를 미술이나 건축에 적용한 프랑스의 '아르누보Art Nouveau'에서 파생했다. 유겐스틸은 시간이 지나면서 점점 단순한 미학이 스며들었고 독일공작연맹은 산업시대의 대량생산 기술과 수공예를 접목하는 파트너십을 강조한 그룹이다. 이 두 개의 운동은 유럽에서 모더니즘 건축이 태동하는 데 크게 영향을 미쳤으며 발터 그로피우스가 설립한 바우하우스Bauhaus의 교육방식에도 깊이 파고들게 된다.

건축가들의 아메리칸 드림이었을까? 독일 바우하우스를 중심으로 활동하던 발터 그로피우스와 미스 반데어로에는 제2차 세계대전 이후에 미국으로 이민을 간다. 발터 그로피우스는 하버드 대학교 디자인대학원Harvard GSD 건축학과장Chair으로 재직하게 되었고 미스 반데어로에는 시카고의 일리노이 공과대학교IIT 건축대학장Dean으로 임명된다. 이때부터 모더니즘 건축이 본격적으로 태동한다. 제1차, 제2차 세계대전을 거치면서 발전한 과학기술은 건축술의 진보에 기여했으며 이전 시대와 다른 대량생산과 빠른 시공기술이 나타났다. 또한 이러한 기술의 진보는 도시를 확장시켰고 뉴욕과 시카고 등의 도시들은 폭발적으로 성장하게 되었다. 특히 인터내셔널 스타일로 대표되는 유리 커튼월, 단순하고 정직한 사각형의 건축형태, 정비례하는 파사드와 입면, 유니버설 플랜 등이 도시의 풍경을 바꾸게 된다. 보자르 건축과 신고딕 양식으로 지은 고층 빌딩들이 유리 빌딩으로 바뀌기 시작한 것이다. 이렇게 모더니즘 건축은 미국에서 크게 유행하는데, 그 시작점인 시카고로 다시 돌아가보자.

　　루이스 설리번이 주창한 '형태는 기능을 따른다'라는 명제는 과거 로마 시대의 건축가 마르쿠스 비트루비우스Marcus Vitruvius, B.C. 80~B.C. 15의 《건축십서De architectura》에서 영감을 얻은 것으로 보인다. 비트루비우스는 《건축십서》에서 "건축은 실용성utilitas, 단단함firmitas, 아름다움venustas을 갖춰야 한다"라고 주장했다. 보스턴 출신의 루이스 설리번은 시카고를 기반으로 활동한 건축가로 미국 초고층 건축의 아버지 또는 모더니즘 건축의 아버지로 여겨진다. 그는 건축 공간의 기능을 중심으로 형태가 디자인되어야 한다는 명제에서 출발했다. 한마디로 실질적이고 실용적이며 현실적인 건축공간에 대한 성명서이기도 하다. 그가 디자인한 건축의 형태, 파사드의 장식, 시카고 창문으로 불리는 창호 디자인, 공간과 구조는 당시에는 충격적인 것들이었다. 이러한 그의 건축적 특징은 시카고 지역에 고층 빌딩을 유행시킨 시카고학파Chicago School가 창시되는 계기가 되었으며 나아가 모더니즘 건축의 기반이 되었다. 당시 그의 작품으로는 오디토리엄 빌딩Auditorium Building, 1889, 웨인라이트

빌딩Wainwright Building, 1891, 개런티 빌
딩Guaranty Building, 1894 등이 있다.

시카고 창문

시카고학파 건축의 주요 특징
으로는 철골 구조 이외에도 벽돌이
나 석재로 구성한 외벽, 절제된 외벽
디테일, 시카고 창문Chicago Window
등이 있다. 이러한 특징은 모더니즘
건축의 특징과 유사해 보이지만 아
직까지는 고전 건축의 요소들에서 완전히 독립하지는 못한 것으로
보인다. 이들의 건축을 분석해보면 르네상스 시대 팔라초 건축의
기단부, 중간부, 상부로 구성된 3단 입면 구성에서 아직은 벗어나
지 못한 모습이다.

시카고학파의 건축은 시카고뿐만 아니라 뉴욕에도 영향을 미
치게 된다. 루이스 설리번이 디자인한 바야드-콘딕트 빌딩Bayard-
Condict Building, 1899과 다니엘 번햄Daniel Burnham, 1846~1912이 디자인한
플랫아이언 빌딩Flatiron Building, 1902이 대표적이다. 당시 뉴욕의 고
층 빌딩들은 기단부가 넓게 구성되어 있고 타워 부분이 솟은 형태
로 완성되었지만 두 빌딩은 기단부부터 최고층까지 반듯하게 올라
간 형태다. 정리해보면 뉴욕에 완성된 시카고학파의 건축물들은
형태적으로 단순하고 기하학적이다. 뉴욕에서 모더니즘 건축이 태
동할 수 있는 가능성이 실제로 나타난 것이다. 약 40년 후 세계대

전이 끝나고 뉴욕의 모더니즘 건축이 폭발적으로 유행하지만 시카고학파의 건축가들이 뉴욕에 남긴 작품들은 마치 예언자와 같다.

　뉴욕에서 본격적으로 모더니즘 건축이 유행한 것은 1930년대 초 뉴욕현대미술관에서 열린 '현대 건축: 국제적인 전시Modern Architecture: International Exhibition'라는 건축전시회가 결정적이었다. 이때부터 인터내셔널 스타일이라는 용어가 건축계에서 정립되었는데, 이는 국제주의 양식으로 해석되어 모더니즘 건축과 동일한 표현으로 사용된다. 당시 뉴욕현대미술관의 디렉터인 앨프리드 바Alfred Barr는 건축역사가이자 비평가인 헨리-러셀 히치콕Henry-Russel Hitchcock, 1903~1987과 필립 존슨Philip Johnson, 1906~2005을 큐레이터로 임명하여 전시회를 열었다. 당시 뉴욕에는 아직 모더니즘 건축이 본격적으로 유행하던 시기는 아니었기 때문에 뉴욕현대미술관의 모더니즘 건축 전시는 대중의 시선을 끌기에 충분했을 것이다. 그래서 이 전시회에 초청된 건축가들은 대부분 유럽 출신이었다. 그중에는 모더니즘 건축의 거장이라고 불리는 르코르뷔지에, 발터 그로피우스, 루트비히 미스 반데어로에, 프랭크 로이드 라이트도 포함되어 있었다. 이들은 당시 유럽과 미국에서 모더니즘 건축의 원리를 주창하며 젊은 건축가로서 명성을 쌓아가고 있었다. 뉴욕현대미술관의 전시는 지금의 미술관 위치가 아닌 56번가에 있는 헤크서 빌딩Heckscher Building, 현재 크라운 빌딩에서 개최되었고 총 6개의 방으로 나뉘어 전시되었다.

    뉴욕현대미술관의 모더니즘 건축 전시회는 뉴욕에 새로운 건축의 바람을 불어오게 했다. 1900년대 초반 뉴욕에는 보자르 건축에 입각한 전통적 건축이 유행했는데 모더니즘 건축이 산업시대 이후를 대표하는 건축으로 떠오르기 시작한 것이다. 모더니즘 건축의 원리는 당시에 굉장히 새로운 것이었다. 지금은 건물을 지을 때 당연히 구조 기둥과 비구조 벽체를 따로 분리하여 생각하지만 이전의 건축은 기술적인 한계 때문에 구조와 비구조를 구분할 수 없었다. 따라서 고딕 성당이나 로마네스크 성당 등에 가보면 두꺼운 벽체가 대형 건물을 지탱해야 했기 때문에 창문을 자유롭게 만들 수 없어 채광이나 환기에 불리했던 것이 사실이다. 기둥과 외벽의 분리는 건축에 엄청난 차이를 가져왔다. 이러한 특징들을 근대건축의 5원칙으로 정립한 르코르뷔지에에 대하여 헨리-러셀 히치콕은 "그의 건축적 영향력이 전 세계에 걸쳐 지대하게 미쳤다"라고 평가했을 만큼 모더니즘 건축가의 영향력은 뉴욕현대미술관의 전시를 통해 국제적으로 뻗어나가게 되었다.

    뉴욕현대미술관에 전시된 건축가들의 작품들처럼 초기 모더니즘 건축은 주택이나 공장, 학교 등의 소형 건축물을 중심으로 전개되었다. 산업시대 이후 대량생산에 입각한 생산방식이 건축에도 도입되었고 제1차 세계대전이 끝난 후에 본격적으로 유행하게 되었다. 그래서 뉴욕현대미술관에 전시된 건축가들의 작품들은 대부분 작은 건축물이었다. 르코르뷔지에의 빌라 사보아를 비롯하여 발터 그로피우스의 파구스 공장과 바우하우스, 미스 반데어로에의 바르셀로나 파빌리온 등이 대표적이다. 이들의 작품은 건축물 외벽에 장식이 없는 것이 특징이다. 현대 시대에는 외벽에 장식이나 조각이 없는 것이 어색하지 않지만 당시는 1930년대였고 보자르 건축Beaux-Arts이 한창 대세인 시기였다. 사람들은 외벽에 아무 장식이나 조각이 없는 것을 보고 얼마나 어색했을까? 마치 현대 시대에 베르사유 궁전Palace of Versailles, 1715 같은 건물을 시내 중심에 짓는 것과 같은 느낌일지도 모른다.

뉴욕현대미술관의 전시 이후 뉴욕에는 모더니즘 건축이 본격적으로 유행한다. 1940년대 제2차 세계대전의 영향으로 부동산 시장이 얼어붙어서 약간 정체되기는 했지만 전쟁이 끝난 후 1950년대부터는 인터내셔널 스타일에 기반한 건축물들이 뉴욕의 도시 풍경을 바꾸기 시작한다. 대표적으로 후술하게 될 유엔 본부1952와 레버 하우스1952, 시그램 빌딩1958 등이 있다. 특히 유엔 본부는 뉴욕현대미술관에서 모더니즘 건축 전시에 참여한 르코르뷔지에가 건축가 그룹 중 한 명으로 참여한다. 또한 레버 하우스와 시그램 빌딩은 뉴욕의 도시 조닝 규제를 바꾸는 프로젝트가 되었다. 시그램 빌딩 역시 모더니즘 건축 전시에 참여한 미스 반데어로에가 디자인했다.

뉴욕의 모더니즘 건축물을 보면 익숙함 속의 깊이감을 느낄 수 있다. 유리나 콘크리트로 구성된 단순한 형태의 건축물이지만

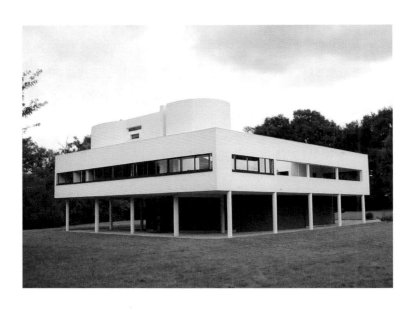

르코르뷔지에가 설계한 빌라 사보아

'그들은 시대에 적응하며 새로운 건축을 꿈꾼 것이 아닐까?'라는 생각을 하며 2020년대에 적합한 건축은 어떤 것일지 깊은 고민을 하게 되었다. 모더니즘 건축은 지금으로부터 약 100년 전에 나타났다. 그들이 주창하는 원리를 따르는 건축이 지금도 지어지고 있다. 요즘 짓는 아파트가 당시의 아이디어로 설계된다는 점도 놀랍다. 그러나 한편으로는 장소에 관계없이 같은 원리를 적용한다는 점에서 지역성이 결여된 것은 아쉽기도 하다. 뉴욕에 지은 시그램 빌딩이나 서울에 지은 삼일빌딩이나 외관상 큰 차이가 없다. 반대로 생각해보자. 병산서원 같은 한국 전통 건축이 맨해튼이나 런던 한복판에 수백 채씩 지어진다면 어떨까? 100년 전의 모더니즘 건축가들은 인터내셔널 스타일을 주창하면서 전 세계의 도시들이 이렇게 똑같아지는 것을 원했을까?

학부 시절에 나는 장소성에 대한 존중이 다소 부족한 모더니즘 건축에 의구심을 품게 되었고 이는 지금도 고민하는 부분이다. 한국 귀국 직후에 진행한 반월역 근린생활시설 프로젝트는 이에 대한 진지한 생각을 담고 있다. 코너 대지에 3층 규모의 근린생활시설을 디자인하는 프로젝트였는데 이 장소만이 가질 수 있는 독특한 장소성을 표현하기 위해 코너 부분을 고전 건축에서처럼 정면으로 규정했다. 그리고 2층, 3층의 볼륨을 비워 테라스 공간으로 만들었다. 이 장소만이 가질 수 있는 무형의 기념비성을 부여한 것이다.

미래의 건축은 어떻게 전개되어야 할까? 2020년대를 살고 있는 우리는 장소가 가진 고유한 특성을 존중하는 건축을 해야 할지, 모더니즘 건축에서처럼 장소성보다 건축 자체의 특성과 디테일, 공간에 집중해야 할지 고민해야 한다.

반월역 근린생활시설(스튜디오 제이엠 건축사사무소, 2023)

합력하여 선을 이루다

유엔이 건축을 짓는 방법

뉴스에 자주 등장하는 유엔 본부 UN Headquarters 는 누군가에게는 꿈과 같은 곳이다. 문과 분야를 전공한 어느 지인은 뉴욕에 여행 왔을 때 유엔 본부에 꼭 가보고 싶다고 했다. 나도 지인과 함께 유엔 본부를 구경하며 뉴스에 등장하는 의사당에서 연설하는 퍼포먼스를 사진으로 남기기도 했다. 전 세계의 평화를 중재하는 중립 지대인 유엔 본부는 뉴욕의 동쪽인 이스트 강변에 자리하고 있다. 1952년에 완성된 유엔 본부는 뉴욕에 있는 또 하나의 도시다. 미국 뉴욕에 있지만 중립 지대인 유엔 본부는 총 네 개의 건축물로 이루어져 있고, 건축 과정에서 다국적 건축가 그룹이 프로젝트를 진행했다. 이는 세계 평화를 지향하는 유엔의 정체성과도 연결되는 듯하다. 성경 말씀처럼 합력하여 선을 이루는 통합된 나라United Nations, 유엔.

유엔 본부 건축설계를 담당한 건축가 그룹은 11개의 국적, 11명의 건축가로 이루어졌고 월러스 해리슨Wallace Harrison, 1895~1981 이라는 미국 건축가가 리더로서 팀을 이끌었다. 월러스 해리슨과 함께 건축가 그룹에 속한 멤버는 모더니즘 건축의 거장 건축가 르코르뷔지에Le Corbusier, 1887~1965, 프랑스와 오스카 니마이어Oscar Niemeyer, 1907~2012, 브라질, 스벤 마르켈리우스Sven Markelius, 1889~1972, 스웨덴, 량 쓰청 Liang Sicheng, 1901~1972, 중국, 하워드 로버트슨Howard Robertson, 1888~1963, 영국 등이다. 유엔이 본부 건축물에 얼마나 많은 공을 들였는지 알 수 있다.

이렇게 여러 건축가가 하나의 프로젝트를 진행한다는 것은 굉장히 힘든 작업이다. 건축가들마다 디자인의 방향이나 생각이 모두 다르기 때문이다. 아마도 월러스 해리슨은 이들의 의견을 수렴하며 설계를 발전시켜야 했기 때문에 굉장히 어려운 작업이었을 것이다. 심지어 대학교에서 학생들끼리 건축 공모전에 참여해도 팀원이 다른 의견을 내면 공모전의 리더로서 이를 조율하기가 어려운데 유엔 본부를 실제로 짓는 프로젝트를 11명의 건축가가 함께 의논하는 것은 어땠을지 약간 실감이 나기도 한다. 그럼에도 이러한 형태의 프로젝트는 다양한 의견과 디자인을 구현할 수 있다는 장점도 있다. 월러스 해리슨과 다국적 건축가들이 참여한 유엔

유엔 본부 콤플렉스

본부는 어떻게 완성되었을까?

유엔 본부의 위치가 뉴욕으로 확정되기까지는 몇 년이 걸렸다. 제2차 세계대전이 종전되고 1946년부터 유엔 본부를 어디에 건설할지 논의했고 샌프란시스코, 시카고, 필라델피아, 보스턴 등 미국 도시와 캐나다 네이비 아일랜드 등이 후보에 올랐는데 최종적으로 1946년에 뉴욕으로 결정되었다. 이때부터 유엔은 세계 평화를 상징하는 정체성을 건물 디자인에서부터 나타내고자 노력했다. 이렇게 큰 콤플렉스를 건설하는 데 건축 공모전을 열고 경쟁시키는 것보다 다국적 건축가들이 함께 협력하여 프로젝트를 완성하는 데 중점을 두었다. 따라서 미국, 프랑스, 중국, 소련, 스웨덴, 벨기에, 브라질, 영국, 호주, 우루과이 출신의 건축가들이 유엔 본부 디자인을 위해 섭외되었다.

유엔 본부 프로젝트를 맡게 된 월러스 해리슨과 건축가 그룹은 1947년에 여러 차례 디자인 미팅을 한다. 다국적 건축가들은 45개 계획안을 만들었고 토론 끝에 르코르뷔지에의 '계획안 23 Scheme 23'과 오스카 니마이어의 '계획안 32 Scheme 32'를 선택한다. 르코르뷔지에의 계획안 23은 타워로 구성된 사무국 빌딩에 의사당을 윙 Wing 처럼 계획하여 대지 중간에 배치하는 것이었고, 오스카 니마이어의 계획안 32는 사무국과 의사당을 각각의 건물로 분리하여 배치하는 계획이었다. 두 계획안은 타워의 배치도 다르고 의사당 건물의 배치도 다르다.

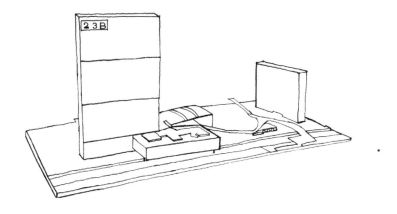

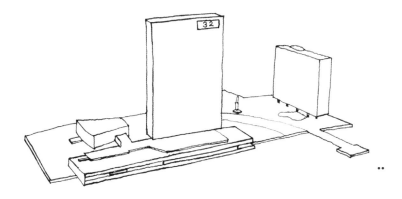

• 르코르뷔지에의 유엔 본부 계획안 23 모형 스케치
•• 오스카 니마이어의 유엔 본부 계획안 32 모형 스케치

결국 월러스 해리슨은 두 계획안을 접목하여 유엔 본부를 디자인하게 되었다. 현재의 유엔 본부는 오스카 니마이어의 계획안처럼 곡선형의 의사당 건물로, 사무국 타워는 르코르뷔지에의 계획안처럼 남쪽에 배치되었다. 곡선형의 저층 건물인 유엔 본부 의사당은 르코르뷔지에가 제출한 계획안의 형태와 유사한 배치에 그의 대표적인 건축적 언어인 경사로를 이용한 건축적 산책로 기법이 외부에 나타나는 것이 특징이다. 월러스 해리슨은 이렇게 두 계획안을 절충하여 디자인을 발전시켰고, 대지 중간에 광장을 배치하여 유엔 본부를 완성한다.

유엔 본부의 마스터 건축가인 월러스 해리슨에 대해 좀 더 알아보자. 그는 역사상 최고의 부자인 록펠러 가문Rockefeller Family 의 건축가로서 당시 미국 건축계를 이끌던 인물이다. 또한 당대 최고의 건축학교인 프랑스 파리의 에콜 데 보자르École des Beaux-Arts 에서 건축을 공부했고, 1900년대 초·중반 미국에서 보자르 건축양식으로 유명한 매킴, 미드 & 화이트McKim, Mead & White 에서 실무를 익힌다. 월러스 해리슨은 이러한 건축적 경험으로 보자르 양식과 모더니즘 건축을 접목하면서 독특한 건축적 철학으로 건축을 전개해나간다. 그는 1941년 에콜 데 보자르 출신인 맥스 아브라모비츠Max Abramovitz, 1908~2004 와 함께 해리슨 & 아브라모비츠Harrison & Abramovitz 를 설립했고 대부분의 커리어를 함께한다.

두 건축가는 한 회사에서 독립적으로 프로젝트를 수행했는데 대표작으로는 록펠러 센터, 링컨 센터, 엠파이어 스테이트 플라자 등이 있다. 한 가지 흥미로운 것은 윌러스 해리슨은 유엔 본부가 모더니즘 건축으로 완성한 첫 번째 프로젝트라는 것이다. 이전까지 그는 전통적인 건축 원리와 모더니즘 건축의 중간에서 과도기적인 건축을 나타냈다. 다국적 건축가들이 제안한 모더니즘 건축의 원리는 그에게 조금 낯설었을 수도 있다. 아니면 그가 별로 좋아하지 않았을지도 모른다. 그러나 유엔 본부 프로젝트 이후 윌러스 해리스은 모더니즘 건축의 경향을 나타내기도 했다.

월러스 해리슨이 최종적으로 완성한 유엔 본부의 계획안은 크게 네 개의 건축물로 이루어져 있다. 사무국 타워, 의사당, 콘퍼

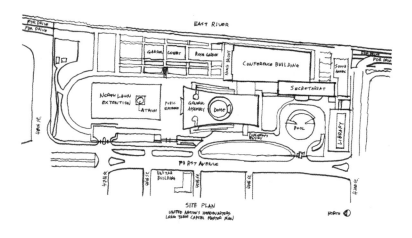

유엔 본부 콤플렉스의 마스터플랜 스케치

· 유엔 본부 의사당
·· 유엔 본부 의사당 내부

런스 건물, 그리고 도서관이다. 네 건물이 중심부에 포르테 코셔 Porte-Cochere°를 만들며 주 출입부를 형성하고 북쪽 의사당 건물의 전면에는 메인 광장을 만드는 배치계획으로 구성되어 있다. 유엔 본부를 견학하면 북쪽의 검문을 거친 후 광장을 지나 의사당 건물로 들어가게 된다. 이 광장에는 뉴스에 가끔 등장하는 매듭진 총 The Knotted Gun 조각상이 있다. 박스 형태의 타워는 155m 높이에 총 39층으로 구성되어 있으며 의사당 건물은 오스카 니마이어의 계획안과 유사하게 곡선형으로 디자인되어 있다. 의사당 건물의 지붕에는 돔이 올려져 있는데 뉴스에 자주 등장하는 국제 회의장의 지붕이다. 도서관과 콘퍼런스 빌딩도 상자 형태로 설계되어 전체적으로 모더니즘 건축의 원리를 나타낸다.

유엔 본부는 다국적 모더니즘 건축가들의 계획안으로 완성된 의미 있는 프로젝트이면서 뉴욕에 모더니즘 건축이 본격적으로 유행하는 계기가 되었다. 이전에도 에드워드 듀렐 스톤Edward Durell Stone, 1902~1978과 필립 굿윈Philip Goodwin, 1885~1958의 뉴욕현대미술관 Museum of Modern Art, 1939과 레이먼드 후드Raymond Hood, 1881~1934의 맥그로-힐 빌딩McGraw-Hill Building, 1931이 모더니즘 건축의 양식으로 완성되기는 했다. 그러나 뉴욕현대미술관은 소형 건축물이고 맥그로-힐 빌딩은 외벽에 장식이 남아 있는 등 아직 모더니즘 건축이

○   건물 입구의 차가 들어가는 곳에 마련된 지붕 있는 현관.

완전히 녹아들기에는 시간이 더 필요했다. SOM의 고든 번샤프트 Gordon Bunshaft, 1909~1990가 유엔 본부가 완공되기 6개월 전에 레버 하우스Lever House, 1952를 완성하여 모더니즘 건축의 본격적인 유행이 도래하기는 했지만, 유엔 본부가 레버 하우스보다 2년 먼저 착공했기 때문에 뉴욕에서 모더니즘 건축의 원리로 디자인된 고층 빌딩은 유엔 본부가 최초라고 할 수 있다. 뉴욕의 밀도에 적응하는 모더니즘 건축의 가능성을 제대로 보여준 프로젝트가 된 것이다.

유엔 본부의 건축에 적용된 모더니즘 건축의 특징은 어떤 것들이 있을까? 모더니즘 건축의 주요 특징으로는 단순한 건축형태, 미니멀한 외벽과 마감, 추상적인 입면 디자인, 장식의 배제 등이 있다. 앞서 설명한 루이스 설리번이 주창한 '형태는 기능을 따른다'라는 명제와도 깊은 연관이 있다. 모더니즘 건축에서는 더 이상 중세시대 건축에서 중요한 부분을 차지하던 건물의 외적인 장식이나 종교적, 권위적 상징 등이 공간 자체의 기능보다 중요시되지 않았다. 모더니즘 건축가들은 건물의 외관이 아니라 공간의 기능이 건축의 본질이라고 생각한 것이다. 이는 시대적인 배경과도 연관이 있다.

뉴욕에서 모더니즘 건축이 유행하던 때는 제2차 세계대전이 끝난 직후였다. 유엔 본부도 이때 완성되었다. 미국은 제1차 세계대전에서 승전국의 지위에 오른 데 더해 제2차 세계대전에서도 승리했다. 그 영향으로 당시는 자본과 군사적 안정감이 절정에 달한 시기였고 도시 인구는 폭발적으로 증가하기 시작했다. 이렇게 빠르게 돌아가는 도시에서 보자르 건축처럼 외관과 장식에 치중하는 건축은 힘을 잃을 수밖에 없었을 것이다. 외벽에 장식을 조각하고 다양한 재료로 마감하려면 시간과 돈이 훨씬 많이 들기 때문이다. 이러한 건축은 도시로 몰려드는 많은 사람을 수용하기에는 경제적 측면에서 불리할 수 있다. 수지타산이 맞지 않는 것이다. 이러한 관점에서 모더니즘 건축은 시대적 소명이었을 것이다. 건축은 시대를 반영하는 그릇이라는 르코르뷔지에의 말이 맞는 듯하다.

현대 도시의 풍경을 바꾼 두 빌딩

레버 하우스와 시그램 빌딩 이야기

건축학도나 인테리어 디자인 전공자가 뉴욕을 여행하면 반드시 가보는 두 건축물이 있다. 이 두 건축물은 가까운 거리에서 사선 방향으로 마주보고 있어서 건축답사를 하기도 좋다. 바로 레버 하우스Lever House, 1952와 시그램 빌딩Seagram Building, 1958이다. 두 건축물은 인터내셔널 스타일International Style로 완성되었다. 인터내셔널 스타일은 모더니즘 건축과 같은 의미의 건축사조다. 건축학도들은 학교에서 교과서나 사진으로만 보던 건축물을 한 장소에서 한꺼번에 볼 수 있다는 사실만으로도 흥분한다. 나도 그랬다. 2013년에 처음 뉴욕을 여행할 때 이 두 건축물이 솔로몬 구겐하임 뮤지엄과 함께 가장 가보고 싶은 건축물이었다. 지금으로부터 약 60년 전에 완성된 건축물인데도 디테일이나 건축형태, 공간이 굉장히 현대적이면서도 뒤처지지 않아 보인다. 그렇다면 이 두 건축물은 뉴욕의 도시 풍경에 어떤 영향을 미치게 되었을까?

레버 하우스와 시그램 빌딩은 뉴욕의 조닝 규제를 새롭게 바꾸는 데 결정적인 계기가 되었다. 1916년 조닝 규제의 문제점들이 개선되어 1961년 조닝 규제로 바뀐 것이다. 두 건축물은 무엇을 어떻게 했기에 뉴욕의 건축, 도시계획을 바꾸었을까? 분명 무언가 좋아졌기 때문에 뉴욕시에서 바꾸었으리라는 예상은 할 수 있다. 레버 하우스와 시그램 빌딩이 지어진 시기는 1950년대다. 레버 하우스가 시그램 빌딩보다 약 6년 먼저 완성되었다. 레버 하우스의 건축가는 스키드모어, 오윙스 & 메릴Skidmore, Owings & Merrill, SOM 에서 대부분의 경력을 쌓은 고든 번샤프트Gordon Bunshaft, 1909~1990, 시그램 빌딩의 건축가는 루트비히 미스 반데어로에Ludwig Mies Van der Rohe, 1886~1969다. 시그램 빌딩의 내부 레스토랑은 필립 존슨Philip Johnson, 1906~2005이 디자인했다. 세 건축가 모두 현대 건축의 거장으로 불린다. 고든 번샤프트와 필립 존슨은 후에 세계 건축계 최고 영예인 프리츠커 건축상을 받았다.

모더니즘 건축의 거장으로 불리는 고든 번샤프트와 미스 반데어로에는 어떤 전략으로 설계를 했을까? 먼저, 고든 번샤프트의 레버 하우스를 살펴보자. 레버 하우스는 지금 보면 요즘 전 세계 어느 도시에서나 볼 수 있는 형태와 디테일의 건축물로 보일 수 있

* 레버 하우스
** 시그램 빌딩

다. 그러나 1950년대에는 지금 우리가 유럽의 성당이나 스페인 바르셀로나에 있는 안토니 가우디Antoni Gaudi, 1852~1926의 사그라다 파밀리아Sagrada Familia를 보는 것처럼 신기하고 어색했을 것이다.

건축가 고든 번샤프트는 미스 반데어로에의 건축적 원리를 레버 하우스에 적용한 것으로 잘 알려졌다. 인터내셔널 스타일을 적극적으로 적용한 것이다. 당시 미스 반데어로에는 제2차 세계대전이 끝난 후 시카고로 이주하여 일리노이 공과대학교 건축대학장으로 부임했고 학교의 마스터플랜과 건축물을 모두 인터내셔널 스타일로 디자인했다. 그 영향으로 유럽에서 유행처럼 번지던 모더니즘 건축이 새로운 양식으로 미국에도 흥행하게 되었고 그 원리에 따라 디자인된 빌딩이 레버 하우스다.

고든 번샤프트는 모더니즘의 원리를 충실하게 따랐다. 직사각형의 반듯한 박스 형태로 구성된 단순한 매스를 사이트에 배치하기 위해 1916년 조닝 규제에서 제정한 사선 제한을 완전히 피하여 건축물을 후퇴시킨다. 이로 인해 저층부에는 공개공지가 자연스럽게 만들어졌고 상부는 필로티로 건물을 띄우고 포디엄Podium°을 디자인했다.

이렇게 인터내셔널 스타일이 적용된 레버 하우스에 영향을 미친 미스 반데어로에는 시그램 빌딩을 어떻게 디자인했는지 살펴

○   주변부 위에 돌출된 플랫폼.

보자. 시그램 빌딩은 레버 하우스보다 5년 정도 늦게 지어졌다. 아마도 미스 반데어로에는 자신이 주창하던 인터내셔널 스타일로 대각선 방향에 먼저 완성된 레버 하우스를 보며 미묘한 감정이 들었을 것이다. 고든 번샤프트와 SOM은 공개적으로 미스 반데어로에의 건축적 원리를 따랐다.

시그램 빌딩의 건축적 원리도 레버 하우스와 유사하다. 외벽의 디테일이나 색채 등은 다르지만 전체적으로 인터내셔널 스타일의 건축이 적용되었다. 배치 기법을 분석해보면 시그램 빌딩도 레버 하우스와 마찬가지로 도로에서 건축물을 대지의 끝자락으로 후퇴시켰다. 또한 시그램 빌딩은 전면 공개공지 상부에 아무것도 덮지 않은 광장을 만들어 사람들이 사용할 수 있는 공공공간을 제공했다. 그래서 시그램 빌딩이 있는 파크 애비뉴에서 사람들은 도시 속의 작은 쉼터를 갖게 되었다. 실제로 이곳에서 사람들은 점심을 먹거나 커피를 마시면서 쉬는 공간으로 이용한다. 시그램 빌딩의

레버 하우스의 저층부 공개공지 필로티 공간

시그램 빌딩 전면의 공개공지 광장

후퇴한 건축물도 레버 하우스와 유사하게 굉장히 단순한 직사각형 박스로 구성되어 있다.

　이러한 인터내셔널 스타일의 두 빌딩은 1916년 조닝 규제에 따른 사선 제한을 지혜롭게 이용하여 건물 이용자들에게는 기능적인 공간을 제공하고 부동산 개발업자들에게는 경제적인 부가가치를 창출해주었다.

　인터내셔널 스타일의 원리로 건설한 두 건축물이 1950년대에 완성된 후 뉴욕의 조닝 규제는 새로운 방향으로 나아가게 된다. 1961년에 개정된 뉴욕의 조닝 규제는 건축물의 사선 제한을 폐지하고 용적률Floor Area Ratio 제도와 공개공지Open Space 에 따른 용적률 인센티브 규정을 도입한다. 한마디로 정리하면 용적률 제도는 대지에 내재된 일정 비율 이하로만 건축물을 지을 수 있다는 것이고, 용적률 인센티브 규정은 대지 면적의 일정 비율 이상을 공공공간으로 제공하면 건물의 면적을 더 크게 지을 수 있도록 허가해주는 제도다. 이는 한국을 비롯한 다른 나라의 현대 도시에도 유사하게 적용되고 있다.

　또한 1961년 조닝 규제는 뉴욕시의 대지를 용도별로 주거, 상업, 생산 시설로 세분화하여 관리하게 되었다. 개정된 조닝 규제는 1916년 조닝 규제의 한계를 인정하고 도시 환경을 위해 좋은 방향으로 개선했다는 생각이 든다. 건축물 사선 제한은 건축가들이 창의적인 건축을 하지 못하도록 하는 강력한 규제로 작용했다. 건축법이 건축형태를 바꾸고, 바뀐 건축형태가 도시 풍경에 영향을 미치게 된 것이다. 그 결과 뉴욕에는 웨딩 케이크 스타일의 빌딩이 하나의 건축양식으로 자리잡을 만큼 도시 풍경의 변화는 상상 그 이상이었다. 엠파이어 스테이트 빌딩이나 록펠러 센터, 크라이슬러 빌딩도 1916년 조닝 규제에 영향을 받은 건축물이다. 이 빌딩들은 사선 제한을 피하기 위해 저층부는 포디엄으로 구성된 기단 Monolith처럼 만들고 대지 중간 부분에 초고층 타워를 세운다. 조닝 규제에 적응하기 위해 건축물을 갖가지 변형된 형태로 만들게 된 것이다.

엠파이어 스테이트 빌딩의 기단부

반면 1961년 조닝 규제는 오히려 뉴요커들이 직접 걸어다니는 도로 레벨에 오픈된 공간을 제공한다는 점에서 1916년 조닝 규제보다 합리적이다. 1916년 조닝 규제가 후퇴한 매스를 통해 지상보다 공중에 오픈 스페이스를 많이 만들었다면 1961년 조닝 규제는 지상 공간에 공개공지를 마련해 사람들에게 일상적인 공간을 제공하는 데 기여했다. 좀 더 실질적인 오픈 스페이스다.

　　약 60년 전에 개정되었지만 아직도 뉴욕에서 적용되는 1961년 조닝 규제. 뉴요커들에게 일상적인 공간 환경을 제공한다는 점에서 도시와 건축이 어떻게 조화하고 반응해야 하는지 주목할 만한 해답이 담겨 있다.

높이, 더 높이

뉴욕의 마천루들은 어떻게 탄생했을까?

빌딩숲. 뉴욕 하면 가장 먼저 떠오르는 단어 중 하나일 것이다. 말 그대로 도시가 빌딩으로 뒤덮인 것을 일컫는다. 뉴욕이라는 도시를 잘 표현하는 단어라는 생각이 든다. 뉴욕을 걷다 보면 정말 빌딩이 숲의 나무들처럼 솟아 있는 것을 볼 수 있다. 어떤 길에서는 하늘도 잘 보이지 않는다. 뉴욕의 길이 좁기 때문에 빌딩숲의 효과가 더욱 두드러지는 듯하다. 특히 미드타운 맨해튼은 브라질의 열대림인 아마존처럼 빌딩숲이 우거진 곳이다. 뉴욕을 상징하는 엠파이어 스테이트 빌딩, 크라이슬러 빌딩, 록펠러 센터뿐만 아니라 2010년대 이후에 지어진 젠가 타워, 432 파크 애비뉴 타워, 허드슨 야드의 타워들, 센트럴 파크 타워 등 초고층 빌딩의 살아 있는 역사

현장을 보는 것 같다. 이렇게 빌딩숲으로 불리는 뉴욕의 초고층 빌딩은 어떻게 생겨났을까?

　　뉴욕은 세계에서 150m 이상의 초고층 빌딩이 세 번째로 많은 도시다. 1위가 홍콩, 2위가 선전, 4위는 두바이, 5위는 도쿄다. 한국 도시는 어떨까? 서울은 18위, 부산은 21위, 인천은 34위다. 10위 안에 중국 도시가 5개나 된다. 뉴욕은 과거에 부동의 1위였지만 중국 경제의 급성장과 초고층 빌딩 붐으로 3위로 밀려난다. 이렇게 된 지 얼마 안 되었지만 말이다.

　　뉴욕 최초의 현대적인 초고층 빌딩은 월드 빌딩World Building, 1890, 1955년 철거이다. 뉴욕에서 월드 빌딩 이전에 가장 높았던 건축물은 트리니티 교회Trinity Church, 1846다. 로어 맨해튼에 있는 트리니티 교회는 첨탑의 높이가 87m다. 중세 시대도 아니고 근대 도시에서 교회가 가장 높은 건축물이었다는 것이 실감이 나지 않는다. 87m는 아파트로 치면 약 30층의 높이다. 지금 트리니티 교회는 마천루에 둘러싸여 평범한 건축물같이 보이지만 1800년대에는 어땠을까. 월드 빌딩 이후 1920~1930년대 뉴욕에는 초고층 빌딩 건설 붐이 일어난다. 메트 라이프 타워, 울워스 빌딩, 크라이슬러 빌딩, 엠파이어 스테이트 빌딩, 록펠러 센터 등이 이때 지어졌다. 특히 엠파이어 스테이트 빌딩은 1973년에 월드 트레이드 센터 쌍둥이 빌딩이 지어지기 전까지 약 40년 동안 뉴욕에서 가장 높은 빌딩으로 자리매김하며 뉴욕을 상징하는 랜드마크가 되었다.

- 월드 빌딩(왼쪽)
- 트리니티 교회

이 당시에 건설한 대부분의 마천루들은 아르데코Art Déco 건축 양식으로 지어졌기 때문에 건축물 내외부의 화려한 장식, 높이 솟은 첨탑 등이 초기 뉴욕 마천루의 특징을 잘 보여준다. 이러한 건축물들은 아직도 잘 사용하고 있어서 뉴욕을 여행하는 현대인들은 마치 타임머신을 타고 과거로 돌아가는 기분을 느낄 수 있다. 시간이 지나 월드 트레이드 센터 쌍둥이 빌딩이 1973년에 완성되어 뉴욕 최고층 빌딩의 이름을 갈아치우지만 안타깝게도 2001년 9·11테러로 무너졌고 엠파이어 스테이트 빌딩은 다시 한번 뉴욕에서 가장 높은 빌딩이 되었다. 엠파이어 스테이트 빌딩보다 높은 빌딩이 여러 개 완성된 2020년대인 지금도 엠파이어 스테이트 빌딩은 뉴욕 어디서나 볼 수 있는 랜드마크다. 나는 뉴욕의 브루클린과 퀸즈 롱아일랜드 시티 지역에서 살았는데 집에서도 엠파이어 스테이트 빌딩을 볼 수 있었다.

2010년대 이후, 월드 트레이드 센터 재건을 통해 541m 높이의 원 월드 트레이드 센터One World Trade Center가 완공되어 뉴욕 초고층 빌딩의 새로운 역사를 쓰게 된다. 500m가 넘는 초고층 빌딩이 뉴욕에 지어진 것이다. 이는 아메리카 대륙에서 가장 높은 빌딩이기도 하다. 또한 건축가 라파엘 비뇰리Rafael Viñoly의 432 파크 애비뉴 타워432 Park Avenue, 2015, 샵 아키텍츠SHoP Architects의 슈타인웨이 타워Steinway Tower, 2021, 에이드리언 스미스Adrian Smith의 센트럴 파크 타워Central Park Tower, 2021 등이 펜슬 타워의 새로운 시대를 열었다.

지금까지 뉴욕 초고층 빌딩의 역사를 살펴보았는데, 그렇다면 이렇게 수백 미터 높이의 초고층 빌딩이 세워질 수 있는 결정적인 계기는 무엇일까? 산업시대 이후 도시의 고밀화, 지가 상승 등이 고층 빌딩 건설의 수요를 높였고 마침 엘리베이터Elevator가 발명되면서 초고층 빌딩은 폭발적으로 늘어나게 되었다. 아무리 구조 기술이 발전하여 높은 건물을 짓는다 해도 사람이 계단으로 수십 층을 올라가는 것은 불가능하다. 엘리베이터는 현대 시대에는 굉장히 보편적이지만 1800년대 후반과 1900년대 초반에는 애플의 아이폰이 처음 나왔을 때처럼 새로운 기술이었다.

엘리베이터를 발명한 사람은 엘리샤 오티스Elisha Otis, 1811~1861다. 조금 생소할 수도 있는 이 사람이 현대 도시의 풍경을 바꾼 중요한 인물이다. 한국뿐만 아니라 전 세계의 건물들을 오르내릴 때 엘리베이터에 타면 버튼 위 벽면에 오티스사OTIS의 마크를 가끔 볼 수 있는데 이 회사는 엘리샤 오티스가 세웠으며 엘리베이터 개발의 원조라고 할 수 있다. 엘리샤 오티스를 간략히 소개하면, 그는 어린 시절부터 발명에 소질이 있었고 뉴욕주 올버니Albany에서 장난감을 만드는 로봇으로 특허를 받은 후 사업을 시작했다. 이때부터 오티스는 '어떻게 하면 공장의 위층으로 물건을 옮길 수 있을까?'라는 질문에서 시작하여 들어 올려지는 플랫폼을 고안했다. 그는 여러 번의 시행착오 끝에 안전한 엘리베이터를 발명했고 1853년 뉴욕 세계 박람회에서 최초로 엘리베이터를 직접 시연한

1853년 뉴욕 세계 박람회에서 엘리베이터를 시연하는 엘리샤 오티스

다. 당시 엘리샤 오티스의 엘리베이터를 본 사람들은 충격에 빠졌다고 한다.

　뉴욕 세계 박람회에서 엘리베이터를 시연하기 전에는 그에게 엘리베이터를 의뢰한 사람이 없었지만, 이후부터는 초고층 빌딩의 필수 요소가 되었다. 지금도 오티스사의 엘리베이터는 품질이 좋기로 유명하다. 최초로 오피스 건물용 엘리베이터가 설치된 빌딩은 뉴욕 맨해튼에 있는 에퀴테이블 라이프 빌딩Equitable Life Building, 1870~1912이다. 지금은 비록 철거되어 볼 수는 없지만 최초로 업무용 건물에 엘리베이터가 설치된 빌딩으로 알려져 있다.

에퀴테이블 라이프 빌딩(가운데)

　　엘리베이터가 발명된 이후 뉴욕은 초고층 빌딩 건설 붐이 일
어난다. 1900년대 초에는 주로 신고전주의 양식의 초고층 빌딩이
많이 지어졌는데 대표적으로 메트 라이프 타워 Met Life Tower, 1909, 울
워스 빌딩 Woolworth Building, 1913 등이 있다. 이 빌딩들은 완성된 지
100년이 지났지만 지금도 잘 보존되어 사용하고 있다. 신고전주의
양식으로 완성된 초고층 빌딩들은 꼭대기에 첨탑이 있는 것이 공
통점이다. 또한 고전주의 건축의 맥락을 시대에 맞는 형태와 필요
에 따라 재해석하여 비례와 웅장함, 벽면과 창문의 디테일이 굉장
하다. 신고전주의 양식의 초고층 빌딩 중에서 건축가 카스 길버트

Cass Gilbert, 1859~1934가 디자인한 울워스 빌딩을 감명 깊게 답사하며 1900년대 초반의 뉴욕을 생각해보던 기억이 있다.

신고딕풍 초고층 빌딩의 유행이 지나고 1930년대에는 아르데코 양식의 초고층 빌딩이 뉴욕에서 지어진다. 아르데코 건축양식의 대표적인 마천루로는 아메리칸 라디에이터 빌딩1924, 크라이슬러 빌딩1930, 뉴욕의 랜드마크로 불리는 엠파이어 스테이트 빌딩1931, 70 파인 빌딩1932, 록펠러 센터1939 등이 있다. 아르데코 양식이 유행한 이후 뉴욕은 일본계 미국인 건축가 야마사키 미노루Minoru Yamasaki, 1912~1986의 설계로 1973년 월드 트레이드 센터 쌍둥이 빌딩이 완성되기 전까지 초고층 빌딩의 건설이 다소 침체된다. 시카고 지역에서 제2시카고학파Second Chicago School로 대표되는 초고층 빌딩의 유행이 나타나 옮겨갔기 때문이기도 하다.

시카고 지역에서는 제2차 세계대전 이후 모더니즘 건축가인 루트비히 미스 반데어로에Ludwig Mies Van der Rohe, 1886~1969가 일리노이 공과대학교 건축대학장으로 재직하며 시카고 지역 초고층 빌딩의 유행을 선도했다. 당시 시카고에서는 철골 튜브 구조라는 독특한 구조 시스템이 개발되어 초고층 빌딩을 빠르고 효율적으로 지을 수 있게 되었다. 튜브 구조는 우리가 흔히 아는 튜브처럼 건물의 외벽을 둘러싸는 구조와 코어로만 구성된 효율적인 구조 디자인을 말한다. 이러한 구조는 뉴욕의 월드 트레이드 센터 쌍둥이 빌딩의 구조 시스템에도 적용되었다. 안타깝게도 월드 트레이드 센

아메리칸 라디에이터 빌딩

메트 라이프 타워의 첨탑   70 파인 빌딩 출입구의 모형

터 쌍둥이 빌딩은 이 튜브 구조의 구조적 한계 때문에 붕괴하고 만다. 테러 집단이 벌인 비행기 충돌로 강력한 열이 발생하여 튜브 구조의 철골 구조를 접합하고 있던 볼트들이 녹아버렸고 이는 월드 트레이드 센터 쌍둥이 빌딩이 한순간에 무너지는 결정적인 이유가 되었다.

시카고 지역에서 초고층 건축이 유행한 이후, 2010년대 뉴욕에는 슈퍼 슬렌더 타워 또는 펜슬 타워라고 하는 새로운 유형의 초고층 건축이 나타났다. 펜슬 타워는 홍콩에서 시작되었는데 좁은 땅에 연필같이 얇은 타워로 지은 고층 건물을 뜻한다. 홍콩도 뉴욕처럼 땅값이 매우 비싸기 때문에 좁은 땅에 높게 지은 건물이 자연스럽게 생겨났다. 뉴욕의 펜슬 타워는 1965년에 제정된 랜드마크 보존법Landmarks Preservation Law이 결정적인 영향을 미쳤다. 1963년

펜실베이니아역이 매디슨 스퀘어 가든의 개발로 철거되었는데, 이때 뉴요커들은 자신들의 건축 문화 유산이 사라질까 봐 걱정했고, 결국 랜드마크 보존법이 통과되었다. 이로써 랜드마크를 부수고 현대식 건축물을 짓는 것이 극히 제한되었지만, 동시에 부동산 개발업자들에게는 공중권에 대한 권리를 거래할 수 있도록 허가했다. 그래서 라파엘 비뇰리가 디자인한 432 파크 애비뉴 타워처럼 주변의 공중권을 끌어모아 굉장히 얇고 높은 유형의 빌딩이 탄생할 수 있었다.

이러한 건축은 공학적, 기술적 발전도 고려해야 한다. 공학적인 용어인 슬렌더 비율Slenderness Ratio에 대해 알아보자. 슬렌더 비율은 건축물의 바닥길이 대비 높이를 비율로 계산한 것으로, 건축물의 바닥길이와 높이의 상관관계를 분석하는 지표가 되며 슬렌더 비율이 낮을수록 높고 얇은 건축물이 나타난다. 뉴욕 마천루 박물관Skyscraper Museum의 자료를 참고해보자. 테러로 무너진 월드 트레이드 센터 쌍둥이 빌딩의 바닥길이는 209피트약 64미터, 높이는 1,368피트약 417미터이므로 슬렌더 비율은 1:6.5다. 432 파크 애비뉴 타워는 바닥길이 93피트약 28미터, 높이 1,396피트약 425미터이므로 1:15의 슬렌더 비율을 가지게 된다. 432 파크 애비뉴 타워의 바닥길이가 월드 트레이드 센터보다 절반 정도 짧고 높이는 비슷하다. 이는 432 파크 애비뉴 타워가 월드 트레이드 센터보다 불리한 구조적 조건임에도 비슷한 높이의 건축물을 만든 것을 의미한다. 공

432 파크 애비뉴 타워

학적으로, 구조적으로 432 파크 애비뉴 타워는 월드 트레이드 센터보다 고난이도의 시공과 기술이 요구된 것이다.

초고층 빌딩은 건축물 하나로 구성되어 있지만 하나의 도시다. 수직의 도시. 도시라는 것은 여러 가지 요소가 모여서 이루는 공동체와도 같다. 자연과 인공물이 뒤섞여 있는 물리적 실체이기도 하다. 초고층 빌딩도 마찬가지다. 각 층마다 사람들과 공간들이 레이어를 이루며 쌓여 있고 서로 이동이 가능하다. 서울 롯데타워처럼 초고층 빌딩에 거주하는 사람도 있고 쇼핑이나 문화예술을 즐기러 방문하는 사람도 있다. 초고층 빌딩은 어떻게 보면 현대인의 필요를 가장 잘 압축해놓은 공간이다. 한 공간에서 수천, 수만 명의 사람이 여러 가지 필요와 욕구를 채울 수 있기 때문이다. 효율적이고 경제적이라고도 할 수 있다.

초고층 빌딩이 이렇게 장점만 있는 것은 아니다. 높이가 높은 빌딩일수록 건축비가 매우 많이 든다. 고강도 콘크리트를 사용해야 하고 높은 곳까지 도달해야 하는 크레인과 첨단 시공 기술이 집약되어야 하기 때문이다. 콘크리트를 높은 곳까지 운반하는 것도 고난이도의 시공 기술이다. 그리고 시공할 때 인명사고가 일어날 가능성도 크다. 또한 고층으로 올라갈수록 공간의 전용면적이 줄어든다. 서울 롯데타워의 최고층 전용면적은 굉장히 두꺼운 코어와 구조기둥 때문에 매우 제한적이다. 이렇게 초고층 빌딩은 장단점이 명확하지만 뉴욕에서는 무언가 다 허용되는 편이다. 뉴욕에 지어지는 초고층 빌딩들은 상식을 벗어나고 있다. 상층부의 면적이 작아도 짓는다. 꼭대기 층에 있는 펜트하우스가 좋은 뷰를 가질 수 있고 전망대를 만들어도 되기 때문이다. 한국에서는 비행기 고도제한이나 군사적인 이유 때문에 초고층 빌딩의 건축허가를 받기가 어렵지만 뉴욕에서는 별로 문제가 되지 않는다. 마치 자본을 높게 쌓아올린 듯.

2장

사랑과 예술은 뉴욕에서

뉴욕의 도시 라이프와 문화

뉴욕의 연인들은 여기로

뉴욕의 허파, 센트럴 파크

현대 도시에서 공원Park 이란 어떤 공간일까? 공원에 대해 생각해보자. 푸르른 나무와 잔디로 둘러싸인 자연 속에서 돗자리를 깔고 누워 하늘을 바라보는 공간. 공원은 현대인들에게 휴식을 제공한다. 특히 서울이나 뉴욕, 도쿄 같은 대도시에 사는 사람들에게 공원은 더욱 소중한 장소다.

뉴욕의 대표적인 공원으로 가장 먼저 센트럴 파크가 떠오른다. 센트럴 파크는 뉴욕을 여행하면 반드시 들르는 곳인데 맨해튼 북쪽 한복판에 드넓은 초원으로 펼쳐져 있다. 센트럴 파크는 뉴욕의 허파로 불린다. 높은 밀도로 구성된 맨해튼의 도시에 텅 빈 녹지로 자리한 센트럴 파크는 뉴요커들에게 산소를 공급하는 것 외에 도시의 쉼터로 사용된다. 나는 센트럴 파크가 공원 이상의 장소라고 생각한다. 하나의 도시인 것이다. 도시라는 개념은 여러 가지 요소가 모여 하나의 집단을 만드는 것을 의미한다. 이러한 관점에서 센트럴 파크는 도시 뉴욕 안의 도시다.

센트럴 파크Central Park는 한국어로 번역하면 중앙 공원이다. 문자 그대로 센트럴 파크는 맨해튼의 중심에 있다. 정확히 말하면 맨해튼의 북쪽 중심이다. 뉴욕 센트럴 파크의 상징성 때문에 전 세계의 도시들에는 중앙 공원이 조성되었다. 한국도 마찬가지로 영향을 받았다. 신도시를 조성하면서 센트럴 파크는 필수 요소가 되었다. 분당 중앙공원, 평촌 중앙공원, 부천 중앙공원 등이 대표적이고 전국의 웬만한 도시에는 중앙공원이 있다. 또한 2015년에 센트럴 파크라는 이름에서 영감을 받은 서울 연남동의 연트럴 파크가 조성되었다. 그렇다면 중앙 공원의 원조라고 할 수 있는 뉴욕의 센트럴 파크는 어떻게 형성되었을까?

1857~1876년에 조성된 뉴욕 센트럴 파크는 길이 약 4,000m, 너비 약 800m의 직사각형으로 구성되어 있다. 센트럴 파크에 조성된 나무만 약 55만 그루라고 하니 그 크기와 넓이가 체감이 되지 않는다. 센트럴 파크를 산책하다 보면 마치 대초원을 걷는 기분이 든다. 직선으로는 4km이지만 센트럴 파크 내부의 구불구불한 길을 끝까지 왕복하려면 한나절 넘게 걸릴 수도 있다. 우리도 이러한 공원이 하나쯤은 있어야 한다는 생각을 종종 하고 실제로 서울숲

센트럴 파크 계획안(1868)

같은 대규모 공원 등을 만들기도 했다. 도시의 넓은 공간을 시민들에게 환원하는 것은 지자체에서 추진하는 가치 있는 일 중 하나라고 생각한다. 도시를 건물들로 꽉 채우면 사람들은 쉴 곳을 찾지 못하게 된다. 이는 도시가 병드는 원인 중 하나다. 바쁘게 생활하는 도시인들에게는 뻥 뚫린 빈 공간이 필요하다. 공원은 현대인들의 필요를 채워주는 중요한 역할을 한다. 이제 전 세계적인 공원의 모델로 꼽히는 뉴욕 센트럴 파크로 가보자.

센트럴 파크는 뉴욕의 허파라고 불릴 만큼 대규모 공원 녹지로 구성되어 있다. 면적은 3.4km²다. 숫자만으로는 규모와 크기가 와닿지 않는다. 2.9km² 면적인 서울 여의도보다 크고, 1.1km² 면적인 서울숲의 약 3배, 축구장 485개 크기와 같다. 센트럴 파크에는 녹지 공간 이외에도 동물원, 호수, 초원, 스케이트장 등이 있어서 뉴요커들이 휴식

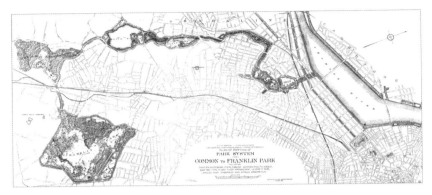

에메랄드 네클리스 프로젝트 마스터플랜(1894)

을 즐길 수 있는 도시의 공원으로 사용된다. 조경 건축가인 프레더릭 옴스테드Frederick Law Olmsted, 1822~1903와 캘버트 복스Calvert Vaux, 1824~1895가 디자인했다. 프레더릭 옴스테드는 브루클린에 있는 프로스펙트 파크Prospect Park, 1867~1873와 포트 그린 파크Fort Greene Park, 1867, 보스턴의 주요 공원을 연결하는 마스터플랜인 에메랄드 네클리스Emerald Necklace, 1860~1870년대를 디자인한 당대 최고의 조경 건축가다.

현대 조경 건축은 프레더릭 옴스테드 이전과 이후로 나뉜다. 그가 조경 건축가Landscape Architect라는 단어를 새롭게 만들었기 때문이다. 옴스테드는 1857년에 센트럴 파크의 수석 건축가로 임명되면서 공식 석상에서 자신을 조경 건축가라고 명명했다. 이전까지는 조경 정원사Landscape Gardener라는 명칭이 보편적이었다. 조경 건축은 일반적인 건축과는 다르다. 조경 건축가는 식재, 경관, 지형 등을 이용하여 공간을 디자인한다. 따라서 주로 인공적인 재료를 사용하여 물리적인 공간을 디자인하는 건축가와는 다르다. 자연에서 얻는 재료가 조경 건축가들이 주로 사용하는 것들이다. 조경 건축가는 보통 공원, 광장, 거리 등의 오픈 스페이스 디자인이 주요 작업이다. 옴스테드의 주요 프로젝트들도 이러했다. 그의 대표작 중 하나인 센트럴 파크에 들어가 서 있으면 맨해튼의 빌딩숲을 파노라마로 볼 수 있다. 센트럴 파크는 뉴요커들의 허파다.

1821년부터 1855년 사이에 뉴욕의 인구는 네 배 이상으로 급성장한다. 1820년대 인구 12만 명에 불과했던 뉴욕은 1850년대 들어서 51만 명으로 불어난다. 당시 뉴욕은 남쪽 로어 맨해튼이 중심이었고 점차 북쪽의 미드타운 맨해튼으로 도시가 확장하던 시기였다. 그래서 제대로 정비되지 않은 미드타운 맨해튼은 굉장히 삭막한 도시가 되어갔다. 도시 인구는 증가했지만 제대로 된 주거와 도시 인프라 등은 턱없이 부족해서 노숙자들과 부랑민들이 뉴욕에 많이 퍼지게 되었다. 게다가 1811년 위원회 계획Comissioners' Plan of 1811에 기반한 도시계획에는 작은 공원만 몇 개 있을 뿐, 센트럴 파크 같은 대규모 공원에 대한 계획조차 없던 시절이기 때문에 맨해튼 북쪽에 공원을 조성해야 한다는 필요성이 대두되었다.

1857년 뉴욕시는 센트럴 파크 조성 계획을 세우고 랜드스케이프 디자인 공모전을 개최한다. 33개 팀이 공모전에 작품을 제출했고 1858년 최종적으로 프레더릭 옴스테드와 캘버트 복스의 작품이 당선작으로 선정되었다. 약 170년 전인 1800년대 중반에 이러한 디자인 공모전이 개최되었다는 사실이 놀랍기도 하다. 그들의 작품명은 '잔디밭 계획안Greensward Plan'이며 다른 참가자들과는 다르게 맨해튼의 도시와 완벽히 분리하는 계획안이었다. 또한 그들의 디자인은 비례는 찾아볼 수 없는 자유로운 곡선형의 랜드스케이프 디자인이었고 이는 매사추세츠주 케임브리지의 마운트 오번 공동묘지Mount Auburn Cemeteries, 뉴욕 브루클린의 그린우드 공동묘지 Greenwood Cemeteries의 곡선형 랜드스케이프에 영향을 받은 결과물이었다. 따라서 센트럴 파크에서는 맨해튼의 격자형 도시 체계와의 연관성은 찾아볼 수 없을뿐더러 입구와 출구도 도시 체계와 연속되지 않는다. 도시와의 연관관계가 불명확하다. 그래서 뉴요커들 입장에서는 접근하기가 다소 불편하기도 하다. 센트럴 파크로 진입하고 나가는 도로나 교통 체계가 맨해튼의 격자형 도시와 연속되지 않기 때문이다.

이러한 디자인은 프레더릭 옴스테드가 의도한 것이다. 그는 맨해튼의 격자형 도시와 자연을 완벽히 분리하고 미래 뉴요커들이 센트럴 파크에서 도시와 완전히 동떨어진 자연을 즐기며 진정한 휴식을 즐기기 원했다. 그는 센트럴 파크 조성 당시 "지금 센트럴 파크를 조성하지 않는다면 100년 후에는 센트럴 파크 크기의 정신 병원을 지어야 할 것이다"라고 주장했다. 그는 도시를 벗어나 자연으로 단시간에 진입할 수 있는 공간을 만들려고 했다. 도시와 자연이 섞여 있는 것이 아니라, 완벽히 분리하는 개념이다.

이러한 프레더릭 옴스테드와 캘버트 복스의 디자인으로 착공한 센트럴 파크는 굉장히 고난이도의 시공이 요구되었다. 센트럴 파크 땅속에 있던 암반과 습지 때문이다. 지금도 암반이 있거나 지반이 약하면 건축 시공에 애를 먹기 일쑤다. 센트럴 파크 공사 당시 많은 양의 폭약을 사용해 암반을 부수고 다지는 작업을 했다. 지금도 센트럴 파크에는 굉장히 큰 바위들이 노출되어 있는 것을 볼 수 있다. 이러한 바위들은 오히려 사람들의 휴식을 위한 장소가 되어 산이 없는 뉴욕에서 자연을 즐길 수 있게 되었다.

센트럴 파크에는 여러 가지 테마를 가진 장소들이 있다. 탁트인 잔디광장인 십 메도Sheep Meadow와 그레이트 잔디밭, 동물원, 영화 〈나홀로 집에〉에 등장하는 보우 브리지Bow Bridge, 예비 부부들이 결혼 사진을 찍는 베데스다 테라스Bethesda Terrace, 센트럴 파크 북쪽의 호수, 산책로 등.

2020년 초반에 코로나 바이러스가 창궐한 후 센트럴 파크는 뉴요커들의 진정한 오아시스가 되었다. 카페나 레스토랑에서 시간을 보내기가 힘들어진 사람들은 드넓은 센트럴 파크의 잔디밭에서 음식을 나누며 피크닉을 하게 되었다. 그래서 코로나 이전보다 사람들이 훨씬 많아졌다. 센트럴 파크는 이렇게 단순한 공원이 아니라 도시로 사람들이 이용하고 있다. 프레더릭 옴스테드의 주장이

* 센트럴 파크 베데스다 테라스
** 센트럴 파크 호수와 보우 브리지

약 150년 후에 정확히 들어맞은 셈이다. 센트럴 파크가 조성되지 않았다면 코로나 바이러스가 창궐한 후의 뉴욕은 더욱 삭막해졌을 것이다.

나는 센트럴 파크에 대해 강렬한 기억을 가지고 있다. 뉴욕의 허파로서 거대한 인공물인 도시 안에 숲처럼 버티고 있는 센트럴 파크의 공간은 인상적이다. 센트럴 파크는 테마 파크 같기도 하고 도시 같기도 하다. 푸르른 초원으로 구성된 센트럴 파크의 생태적, 역사적, 인문적, 도시적 가치는 대단하다. 현대 도시의 초고층 빌딩이 수천 명의 사람을 좁은 공간에 수용하는 수직 도시를 이룬다면 센트럴 파크는 수평적인 개념의 도시다. 현대 도시는 땅값이 비싸지고 도시의 밀도가 고도로 높아졌기 때문에 센트럴 파크 같은 공원을 만드는 것은 굉장히 어렵다.

서울에 귀국하기 몇 년 전, 건축가로서 희소식이 하나 들려왔다. 용산 미군기지가 있던 사이트의 대부분을 공원화할 계획이라는 소식이었다. 솔직히 미군 기지가 평택으로 이전하면 이곳이 아파트로 가득 채워질까 봐 우려했다. 다행히 시민들에게 공원으로 환원된다고 하여 기쁜 마음이 들었고 미래에 남산, 미군기지 공원, 한강까지 연결되는 자연적인 축과 용산의 도시가 서로 어우러지는 공간적 현상에 기대를 품게 되었다.

센트럴 파크의 자연과 맨해튼 도시의 대비

없던 낭만도 생긴다는 그곳

뉴요커가 사랑하는 도시 공원, 브라이언트 파크

뉴욕에서 가장 낭만적인 공원을 꼽으라면 나는 주저없이 브라이언트 파크Bryant Park를 선택할 것이다. 꽉 채워진 미드타운 맨해튼의 한복판에서 잔디밭으로 완전하게 비워진 브라이언트 파크. 도시의 작은 오아시스라는 말이 딱 어울린다. 뉴요커가 가장 사랑하는 공원으로 잘 알려진 브라이언트 파크는 맨해튼 미드타운 40번가와 42번가, 5th 애비뉴와 6th 애비뉴 사이에 있다.

센트럴 파크가 맨해튼 북쪽에 대규모로 조성된 데 반해 브라이언트 파크는 맨해튼 그리드의 한 블럭만을 차지하고 있다. 그래서 이렇게 작게 비워진 브라이언트 파크에서 하늘을 올려다보면 빌딩숲에 둘러싸여 있는 듯한 묘한 기분이 든다. 세계의 수도 뉴욕 한복판에 와 있는 듯한 짜릿함이랄까? 뉴요커들은 브라이언트 파크의 잔디밭에서 햇빛을 맞으며 음식이나 커피를 먹고 요가나 체조, 운동을 즐기기도 한다.

한 가지 재미있는 것은 브라이언트 파크의 여름과 겨울이 다르다는 점이다. 여름에는 푸르른 잔디밭과 나무로 둘러싸인 도심 속의 작은 숲이지만 겨울에는 스케이트장과 팝업 스토어들이 브라이언트 파크를 새로운 모습으로 만들어준다. 여름에는 잔디밭을 즐기고 겨울에는 스케이트를 타며 스토어를 구경하는 재미있는 장소다. 록펠러 센터의 선큰 광장이 여름에는 레스토랑으로, 겨울에는 스케이트장으로 변하는 것과 유사하다. 브라이언트 파크는 도시의 삶에 지친 사람들이 휴식을 즐기는 마당으로 사용되는 듯하다.

나도 뉴욕에서 커피를 마시며 앉아서 쉬는 것을 정말 좋아한다. 특히 브라이언트 파크 바로 뒷편에 있는 블루보틀에서 커피를 마시면 뉴요커가 된 듯한 기분을 만끽할 수 있다. 그리고 한인타운에 있는 교회에서 예배를 드리고 사람들과 함께 브라이언트 파크로 걸어와서 즐기는 시간은 또 하나의 추억거리다. 또한 뉴욕의 명물 중 하나인 칙필에이에서 치킨버거를 사서 브라이언트 파크에서 먹는 것은 뉴요커만 즐길 수 있는 특별함이다.

브라이언트 파크는 무언가 특별하다. 맨해튼의 대표적인 도시 공원인 워싱턴 스퀘어 파크, 유니언 스퀘어 파크, 매디슨 스퀘어 파크와는 분위기가 다르다. 다른 공원들은 조경이나 벤치, 분수,

식재가 질서 정연하게 디자인되어 있지만 브라이언트 파크는 그냥 잔디밭으로 비워져 있고 벤치나 테이블도 대부분 이동식이다. 센트럴 파크가 맨해튼의 북쪽에서 거대하게 비워져 있다면 브라이언트 파크는 규모는 작지만 도시 중심에서 비워져 있어 유사한 효과를 가지고 있다. 센트럴 파크의 축소판. 이렇게 그냥 비워진 공원이 오히려 사람들의 행태를 자연스럽게 유도하는 것 같다. 정해지지 않은 공간적 불명확함이 만드는 행태가 브라이언트 파크의 진짜 매력이 아닐까? 그렇다면 브라이언트 파크는 어떻게 형성되었고, 뉴요커들이 어떻게 사용할까?

브라이언트 파크

브라이언트 파크는 1847년에 조성되었다. 처음에는 근처에 있는 저수지 때문에 저수지 광장Reservoir Square으로 불렸고 몇 차례 리노베이션을 거쳐 1992년에 지금의 모습으로 오픈한다. 우리가 지금 이용하는 브라이언트 파크가 이때 조성된 것이다. 약 150년 동안 브라이언트 파크가 무슨 일을 겪었는지 살펴보자. 브라이언트 파크는 크게 네 차례 변화를 겪는다. 조성기, 뉴욕공립도서관 건설, 1930년대 회복기, 1990년대 현대화 작업기다. 브라이언트 파크의 역사는 마치 뉴욕의 역사와 맥락을 함께하여 흥미롭다.

1686년 뉴욕의 대부분 지역이 목초지였을 때, 뉴욕의 식민지 통치자인 영국인 토머스 돈건Thomas Dongan이 브라이언트 파크 지역을 공공공간으로 할당한 것이 시초가 되었다. 그 후 미국 초대 대통령 조지 워싱턴George Washington이 독립전쟁 당시 군대를 이끌고 이 지역을 횡단했다는 기록이 있고 1823년부터 1840년까지는 빈민자들의 무덤이었다. 1847년이 되어서야 무덤들이 다른 지역으로 이전되어 공원으로 사용되었지만 공식적인 이름은 아직 붙여지지 않았다. 또한 현재 브라이언트 파크의 동쪽 뉴욕공립도서관 New York Public Library, 1911이 있는 위치는 예전에 크로톤 저수지Croton Distributing Reservoir가 자리하고 있었다. 크로톤 저수지는 뉴요커들에게 식수를 제공하는 중요한 기반시설이었고 1890년대에 뉴욕공립도서관 건설로 철거되었다. 그래서 지금도 뉴욕공립도서관의 지하에서는 크로톤 저수지의 기초를 볼 수 있다. 흔히 뉴요커의 오아시

현재 뉴욕공립도서관 자리에 있었던 크로톤 저수지(1842)

스로 불리는 브라이언트 파크가 과거에 무덤과 저수지로 사용되었다는 사실이 새롭기도 하고 놀랍기도 하다.

　뉴욕공립도서관이 건립되는 과정에서 브라이언트 파크도 조금 변화를 겪게 된다. 도서관의 뒤편인 공원의 동쪽에 테라스 가든과 공공시설 등이 조성되었다. 또한 이때 브라이언트 파크는 대지를 들어올림으로써 보행로에서 분리되었다. 보행로에서 몇 계단 올라와야 공원으로 접근할 수 있도록 한 것이다. 그러나 제1차 세계대전이 발발하자 브라이언트 파크는 군인들의 휴식 정원으로 사용되며 휴게 건물도 지어진다. 전쟁이 끝난 뒤 건물이 철거되고 공원도 복원되지만 1920년대에 7번 지하철 라인이 공원 아래에 건설되면서 4년 동안 문을 닫는다.

1930년대가 되어서야 브라이언트 파크 재생이 논의되었고 1933년에는 공원 디자인 공모전이 개최되었다. 건축가 러스비 심슨Lusby Simpson, 1897~1954은 이 공모전에서 당선되어 당시 뉴욕의 도시계획가인 로버트 모지스Robert Moses, 1888~1981와 함께 프로젝트를 추진하게 된다. 로버트 모지스는 뉴욕의 도시 개발 총 책임자로서 뉴욕의 현대화에 중요한 역할을 한 인물이다. 그는 불도저식 개발주의로 비난과 칭찬을 한 몸에 받아온 인물이기도 하다. 이런 그에게 낙후된 브라이언트 파크는 좋은 이미지가 있었을 리 없다. 러스비 심슨과 로버트 모지스의 프로젝트에 따라 1934년에 보자르 스타일Beaux-Arts로 재탄생한 브라이언트 파크는 나무 270그루를 심고 잔디광장을 만들었으며 40번가와 42번가에 출입구를 만들었다.

그들의 노력은 좋은 결실을 맺어 1950년대까지 뉴요커들에

브라이언트 파크의 초기 모습(1871)

러스비 심슨이 디자인한 브라이언트 파크(1934)

게 공원으로 잘 사용되었다. 그러나 1960년대부터 브라이언트 파크는 낙후되기 시작한다. 노숙자들과 불법 마약 판매 등이 성행하여 도시의 무법지대가 된 것이다. 1973년에 브라이언트 파크의 책임자인 리처드 클러먼Richard Clurman은 "브라이언트 파크를 닫고 정비하여 뉴요커들이 원하는 장소로 만들어야 한다"고 주장했다. 1977년에 브라이언트 파크 위원회가 만들어지면서 뉴욕 경찰들이 배치되고 공원은 다시 활기를 찾게 되었다. 이후 1980년에는 브라이언트 파크의 회복을 위한 법인Bryant Park Restoration Corporation, BPRC이 세워지고 사람들이 찾는 공원으로 탈바꿈하기 위한 움직임을 시작했다.

BPRC는 한나/올린Hanna/Olin을 고용하여 1930년대 러스비 심슨의 디자인을 대부분 복원하려 노력했다. 1988년부터 시작된 브라이언트 파크의 리노베이션은 1992년에 완료되어 다시 대중에게 오픈되었다. 브라이언트 파크의 새로운 디자인에 대하여 한나/올린의 조경 건축가 로리 올린Laurie Olin, 1938~ 은 "공원을 이용하는 사람들의 다양한 행태와 더불어 사람들이 공원에서 편안한 공간을 만드는 것에 초점을 맞췄다"고 했다. 1992년이 되어서야 뉴요커들이 제대로 즐길 수 있는 브라이언트 파크가 조성된 것이다. 미국과 뉴욕의 형성 과정과 현대 도시 뉴욕의 역사를 품고 있는 브라이언트 파크. 지금은 미드타운 맨해튼에서 도시의 오아시스로 사람들에게 널리 이용되지만 브라이언트 파크도 타임스 스퀘어처럼 어둠

* 　브라이언트 파크에서 휴식을 즐기는 뉴요커들
** 　브라이언트 파크의 산책길

의 시간이 있었다는 사실이 새삼 신기하다. 우리가 지금 즐기는 도시의 장소들이 그냥 탄생하지 않은 것이다.

브라이언트 파크는 맨해튼의 중심에서 현대 도시인들이 인공물인 도시와 건물들, 그리고 자연을 어떻게 향유해야 하는지 잘 보여준다. 나는 브라이언트 파크에서의 기억과 경험을 통해 건축작업에 많은 영감을 받았다. 대부도에 있는 단독주택을 설계할 때 가장 중요하게 생각한 것이 자연과 건축 공간의 조화였다. 이 대지는 주변이 산과 구릉지로 둘러싸여 있고 멀리 서해 바다가 보이는 굉장한 장소였다. 그래서 주변의 자연을 주택공간으로 끌어들이고 내외부 공간이 서로 소통하도록 만드는 것이 중요했다. 나는 클라이언트의 프로그램 요청사항을 반영하여 매스를 층별로 3개로 나누고 서로 크로스하면서 쌓는 기법을 구현했다. 이는 매스가 층층이 쌓이면서 자연스럽게 테라스와 그늘 공간을 만들어주었다. 그 결과 테라스와 그늘 공간은 주택 내부와 외부 공간이 상호 연결되는 효과를 가져왔고 나아가 브라이언트 파크에서처럼 자연과 건축이 조화를 이루게 되었다.

뉴요커들이 사랑하는 브라이언트 파크. 현대 시대를 살고 있는 사람들은 이 공원을 보며 여러 생각에 잠기게 된다. 브라이언트 파크는 작은 공원이지만 도시 중심부에서 가장 널리 사용되는 공원이다. 만약 브라이언트 파크에 초고층 타워를 짓는다면 어땠을까? 지금과는 사뭇 다른 장소가 되었을 것이다. 그리고 바로 옆에

대부도 크로스 하우스(스튜디오 제이엠 건축사사무소, 2023)

있는 뉴욕공립도서관도 공원과 연계된 시너지 효과를 기대하기 힘들었을 것이다. 도시에서 땅을 비워놓기는 쉽지 않다. 이곳에 수백 미터 높이의 초고층 빌딩을 짓는다면 경제적인 측면에서는 좋겠지만 뉴요커들은 쉼터를 잃게 된다.

　뉴욕의 도시계획가 로버트 모지스는 불도저식 개발로 역사적인 건물이나 장소를 배려하지 않는다는 지적이 꼬리표처럼 따라다녔지만, 브라이언트 파크에 대해서는 확실한 보존과 더불어 재생을 이끌어냈다는 점에서 긍정적으로 평가받는다. 우리는 현대 도시에 살면서 이러한 선택의 순간에 처할 수 있다. 보존 vs. 개발. 어떠한 선택을 하느냐에 따라 도시의 운명이 수백 년 동안 바뀔 수도 있다.

영화처럼 공중에서 뉴욕을 걷는다면

하이 라인 공원과 도시 재생 이야기

뉴욕을 공중에서 걸어다닌다면 어떤 느낌일까? 영화 〈스파이더맨〉
이나 〈어벤져스〉 시리즈에 나오는 영웅들은 뉴욕을 배경으로 하늘
을 날아다니며 세계와 우주의 평화를 지켜나간다. 이들은 뉴욕의
건물들을 자유롭게 오르락내리락하고 빌딩의 옥상들을 건너다니
기도 한다. 영화에서 가장 압권인 장면은 주인공의 시점에서 바라
본 뉴욕의 도시다. 공중에서 날아다니는 영웅들이 높은 하늘에서
내려다보는 뉴욕은 이 도시의 또 다른 매력을 보여준다. 주인공들
은 건물과 건물 사이를 자유롭게 뛰어다니고 날아다니며 마치 새
의 시점에서 바라보는 뉴욕의 도시를 극적으로 그려낸다. 사람이
볼 수 없는 시점에서 영화의 장면을 만드는 영화감독은 이러한 짜

릿한 자극을 관객들에게 보여주고 싶었을까? 말 그대로 영화 같은 장면들이다.

우리도 공중에서 뉴욕을 바라볼 수 있는 방법은 없을까? 뉴욕을 공중에서 바라보려면 높은 빌딩에 올라가야 한다. 그러나 높은 빌딩에 있는 전망대에 올라가면 전망대 주변만 볼 수 있다. 사람의 눈으로 볼 수 있는 시야가 한정적이기 때문이다. 그렇다면 영화의 주인공들처럼 공중을 걸어다닐 수 있는 방법이 필요하다. 맨해튼 서쪽의 첼시 지역에는 이렇게 공중에서 걸어다니며 뉴욕의 풍경을 감상할 수 있는 장소가 있다. 요즘 뉴욕의 새로운 랜드마크로 떠오른 하이 라인 공원The High Line Park 이다.

2010년대 이후 뉴욕은 하이 라인 공원을 빼놓고는 이야기할 수 없을 정도로 이 공중공원은 뉴욕과 다른 나라의 도시들에 굉장한 파급력을 행사하고 있다. 서울역 앞의 고가도로를 리모델링하여 걸어다니는 공중공원으로 만든 '서울로 7017'도 뉴욕의 하이 라인 공원에서 아이디어를 얻어 추진하게 되었다. 하이 라인 공원에 올라가서 걸어다니며 보는 뉴욕의 모습은 인상적이다. 비록 빌딩의 꼭대기만큼 높지는 않지만 공중을 걸어다니며 뉴욕을 본다는 말이 실감 나기도 한다. 이렇게 영화 같은 뉴욕의 모습을 제공하는 뉴요커들의 공원인 하이 라인 공원은 어떻게 탄생하게 되었는지 살펴보자.

하이 라인 공원은 도시 재생 사례로 손꼽히는 대표적인 프로젝트 중 하나다. 도시 재생이란 과거 버려진 도시의 장소나 건축, 공간 등을 새로운 시대에 맞춘 공간으로 탈바꿈시키는 것을 말한다. 현대 도시는 빠른 속도로 성장하기 때문에 도시 현대화 초기에 만들어진 시설들이 수십 년이 지난 후에는 쓸모없이 방치되는 경우가 꽤 많다. 서울로 7017도 비슷한 경우였다. 1970년에 만들어진 서울의 도시 현대화와 고도 경제성장을 상징하던 서울역 고가도로는 시간이 지나 노후화하면서 구조적인 문제에 노출되어 철거위기에 놓였지만 당시 고故 박원순 전 서울시장이 하이 라인 공원을 모티브로 공중 산책로로 만들어 개장했다.

하이 라인 공원은 뉴욕의 도시 현대화와 경제성장, 산업시대를 상징하던 고가철로를 공중공원으로 만든 프로젝트다. 1934년에 개장한 하이 라인 철로는 맨해튼 서쪽을 남북으로 잇는 공중철로였다. 당시 미트패킹 지역현재 첼시 지역은 화물을 운송하는 자동차와 기차 등으로 수많은 사고가 발생하던 곳이었고 공중철로에 대한 필요성이 대두되던 때였다. 총 21km에 달하는 하이 라인 철로가 맨해튼 서쪽의 건물들을 공중에서 통과하고 연결하면서 개장하자 이곳에 있던 창고와 공장은 효율적이고 안전하게 화물을 싣고 내릴 수 있게 되었다. 그러나 잘나갈 것만 같던 하이 라인도 위기에 직면한다. 시간이 흘러 뉴욕의 산업 형태가 바뀌기 시작한 것이다.

1950년대에 기차 운송이 아니라 트럭 중심의 물류 운송이 급

성장하자 하이 라인 철로의 기능이 점차 쇠퇴했다. 심지어 1960년 에는 하이 라인 철로의 남쪽 시작점인 세인트 존스 터미널이 사용 을 중지하고 방치된다. 이는 시작이었다. 이후 철로 사용량이 계 속 줄어들자 하이 라인의 하부가 부분적으로 철거되었으며 1978년 에는 일주일에 기차 두 대만 이용할 정도로 쇠퇴한다. 하이 라인은 방치된 채 명맥만 유지하다가 1990년대 초반 뉴욕시 재개발 계획 안으로 철거 위기에 몰린다. 그러나 도시 보존주의자들의 반발로 잠정 중단된다. 이제 곧 반전이 일어난다.

철거 위기에 몰린 하이 라인을 되살리기 위해 1999년에 하이 라인의 친구들Friends of the High Line이라는 비영리 단체가 결성된다. 일반인 삽화가이자 작가인 조슈아 데이비드와 역사가이자 내셔널 코퍼레이티브 은행의 컨설턴트로 일하던 로버트 해먼드는 폐철로 인 하이 라인의 새로운 가능성에 대한 아이디어로 이 단체를 결성 했다. 그들은 프랑스 파리의 프롬나드 플랑테Promenade plantée라는 공중공원과 독일 뒤스부르크의 랜드샤프츠 공원Landschaftspark에서 영감을 받았다. 프롬나드 플랑테도 하이 라인과 비슷하게 1859년 부터 1969년까지 운행한 산업시대의 철로인데 산업의 패러다임 변 화에 따라 방치되었다. 1980년대가 되자 프롬나드 플랑테를 공중 공원으로 바꾸자는 아이디어로 1993년에 시민들에게 개방된다. 프롬나드 플랑테는 하이 라인이 2009년에 개장하기 전까지 전 세 계에서 유일한 고가 공중공원이었고 이 공원의 성공적인 도시 재

* 하이 라인 공원
** 프랑스 파리의 프롬나드 플랑테 공원

독일 뒤스부르크의 랜드샤프츠 공원

생은 뉴욕 하이 라인에 커다란 영감을 주었다. 또한 1991년에 완성된 랜드샤프츠 공원은 과거 산업시대의 공장이었던 지역을 시민공원으로 재탄생시킨 프로젝트다. 프롬나드 플랑테와 랜드샤프츠 공원 모두 도시의 버려진 산업시대 유산을 현대적인 감각에 맞춘 공간으로 재사용한다는 점이 공통점이다.

프롬나드 플랑테와 랜드샤프츠 공원에서 영감을 받은 하이 라인의 친구들의 조슈아 데이비드와 로버트 해먼드는 곧바로 하이 라인을 보존하고 공원화하기 위한 시민 운동과 광고에 착수한다. 부동산 개발업자들은 하이 라인을 철거하고 새로운 건물을 짓기를 원했기 때문에 그들은 발빠르게 움직였다. 부동산 업자들에게 과거의 시대적 산물인 하이 라인은 개발에 걸림돌이 될 뿐이었다. 실제로 하이 라인의 친구들이 결성되기 이전에 하이 라인의 일부를 철거해 아파트를 짓기도 했다. 그래서 지금도 하이 라인의 흔적을 따라 맨해튼 남쪽으로 내려가다 보면 하이 라인이 끊어진 모습을 볼 수 있다. 이것을 볼 때마다 조금 아쉬운 생각이 든다. 이 끊어진 부분들이 살아남아서 트라이베카 지역까지 하이 라인 공원이 만들어졌다면 어땠을까?

조슈아 데이비드와 로버트 해먼드의 시민 운동은 곧바로 효과가 나타난다. 1999년에 하이 라인의 소유권을 구입한 CSX 교통이라는 회사는 사진작가를 고용하여 1년 동안 하이 라인의 사계절을 사진 기록으로 남긴다. 사진들은 굉장했다. 고화질로 담긴 폐철로 위의 하이 라인은 마치 초원 같은 자연의 이미지였다. 이렇게 촬영한 이미지들은 〈위대한 박물관Great Museums〉이라는 다큐멘터리 시리즈에 삽입되었고, 하이 라인을 보존하기 위한 토론이 개최되었다. 다큐멘터리가 방영되자 각지에서 하이 라인을 공원화하기 위한 후원금이 몰려들었다. 유명인들을 포함하여 자발적인 시민들

철로의 모습이 남아 있는 하이 라인 공원

의 모금운동까지. 하이 라인의 공원화는 시간문제였다. 하이 라인
의 친구들은 곧바로 디자인 공모전에 착수한다.

 2003년에 하이 라인의 친구들이 개최한 하이 라인 디자인 공
모전에는 38개국에서 참가한 720팀의 계획안이 접수되었다. 이는
굉장한 숫자였다. 세계적으로 주목받은 디자인 공모전이 된 것이
다. 보통 이러한 메이저급 공모전에는 많아야 300~400팀이 접수
하는데 하이 라인의 공모전에는 700팀이 넘는 참가자가 계획안을
제출한 것이다. 흥미롭게도 디자인 공모전에는 다양한 아이디어가

넘쳐났다. 하이 라인을 공중 수영장으로 만드는 계획안을 포함해 선형의 테마 파크, 하이 라인 아래로 떨어지는 폭포수 등을 제안한 것이다. 물론 하이 라인을 생태공원으로 만드는 아이디어들도 포함되어 있었다. 수상작들은 곧바로 뉴욕의 중앙역인 그랜드 센트럴 터미널에서 시민들의 관심을 받으며 전시되었고 최종적으로 조경 건축가 제임스 코너James Corner,

숲으로 뒤덮인 하이 라인 공원

건물들을 관통하는 하이 라인 공원의 길

건축가 그룹인 딜러 스코피디오+렌프로Diller Scofidio+Renfro, 정원 디자이너인 피트 아우돌프Piet Oudolf가 하이 라인의 건축가로 선정되었다. 드디어 하이 라인이 수십 년 동안 방치된 폐철로에서 시민공원으로 재탄생하게 된 것이다.

새롭게 뉴욕시 시장으로 당선된 마이클 블룸버그Michael Bloomberg와 시민들의 후원을 받으며 2009년 하이 라인 공원의 남쪽 부분이 개장했다. 폐철로인 하이 라인이 공중 생태공원으로 시민들의 품에 안기게 된 것이다. 하이 라인 공원은 애그리-텍처

Agri-Tecture라는 콘셉트로 완성되었다. 하이 라인 공원의 건축가들은 농업을 뜻하는 애그리컬처Agriculture와 건축을 뜻하는 아키텍처 Architecture의 합성어인 애그리-텍처 콘셉트에 따라 약 300종의 식물을 하이 라인 공원에 식재하여 자생하게 했고 각종 벤치와 쉼터 등을 만들었다.

하이 라인 공원은 휘트니 뮤지엄이 있는 맨해튼 서쪽의 끝자락이 시작점이지만 중간중간에 계단과 엘리베이터를 설치하여 유연하게 진출입할 수 있게 되었다. 하이 라인 공원의 폭은 10~20m, 높이는 약 10m로 구성되어 뉴욕을 공중에서 걷는 것과 같은 공간적 효과가 가장 큰 특징이다. 특히 맨해튼 서쪽 끝에서 2.3km 길이의 공원을 걷다 보면 맨해튼을 파노라마로 바라볼 수 있다.

2009년에 하이 라인 공원의 1단계가 개장하자 뉴요커들은 하이 라인 공원에 더욱 큰 관심을 갖게 된다. 새로운 형태의 생태공원이 생겨났기 때문이다. 부동산 개발업자들도 마찬가지였다. 하이 라인 공원이 있는 첼시 지역의 땅값은 치솟고 부동산 개발사들은 앞다투어 이 지역에 주거와 상업 건물을 짓기 시작했다. 이러한 현상은 2011년에 하이 라인의 2단계가 완성되고 허드슨 야드 지역을 휘감는 마지막 단계가 2014년에 완성되면서 더욱 두드러졌다. 하이 라인 공원의 개장으로 첼시 지역이 맨해튼의 또 다른 부촌으로 거듭나게 된 것이다. 문화와 공원, 강은 부자들이 집 앞에 두면 좋아하는 요소라고 하는 말이 일리가 있는 듯하다.

하이 라인 공원의 쉼터   빌딩 사이에 끼워진 듯한 하이 라인
공원의 생태숲

    2020년 코로나 팬데믹 이후의 하이 라인 공원은 어떻게 되었
을까? 코로나 바이러스가 창궐한 초기에 하이 라인 공원은 예약제
로 입장했다. 하이 라인 공원은 폭이 좁아 많은 사람이 지나다닐
경우 바이러스에 취약할 수도 있다는 판단으로 방문자 수를 제한
한 것이다. 그럼에도 하이 라인 공원은 도시 한복판에 파고든 생태
공원으로 뉴요커들에게 쉼터를 제공한다. 팬데믹과 같은 비상상황
에서도 자연적인 공간으로 가치를 발휘하는 것이다.

    뉴욕에서 대학원을 다닐 때 과제가 잘 풀리지 않거나 머리를
식혀야 할 때 하이 라인 공원에 가서 아무 생각 없이 거닐던 기억이
있다. 하이 라인 공원에서 맨해튼을 바라보고 계단과 잔디밭에 앉
아 쉬다 보면 이 도시에 있다는 자체에 감동하고 감사한 생각이 들
었다. 2022년 10월에 안산시 수암 119 안전센터를 짓는 설계공모

에 참여했다. 결과적으로 나의 계획안이 1등으로 당선되어 감사했는데 이 계획안의 주요 아이디어가 소방관들의 힐링 공간을 소방차고와 융합하는 것이었다. 계획안에서 내외부가 소통하는 힐링 공간을 층마다 배치했고 옥상에는 스탠드형 계단과 함께 옥상녹화 계획을 구현했다. 소방관들이 내부공간뿐만 아니라 외부공간에서도 앉아서 휴식할 수 있도록 만든 것이다. 이러한 아이디어는 하이 라인 공원을 거닐면서 자연스럽게 정립된 휴식공간에 대한 생각이 실제로 프로젝트에 적용되었다고 생각한다.

하이 라인 공원은 여러 가지를 생각하게 한다. 이곳에 올라가서 한 번이라도 걸어본 사람은 이 공원의 가치를 직접 몸으로 느끼게 된다. 버려진 산업시대의 유산이 민주적인 시민 운동 덕분에 공중 생태공원으로 재탄생한 역사적인 사건. 공중에서 파노라마로 바라보는 맨해튼의 뷰. 첼시 지역의 도시 재생 등. 모두 폐철로를 공원으로 바꾼 결정이 만든 도시의 새로운 풍경이다. 현대 도시에 사는 우리는 과거의 유산을 어떻게 다루어야 할까? 하이 라인이 부동산 개발업자들에 의해 모두 철거되고 아파트로 채워졌다면 어떻게 되었을까? 한 번의 선택이 도시의 수백 년 미래를 결정하기에 다방면에서 이러한 요소들을 고려해야 한다. 과거 도시의 인프라나 건축물의 가치를 제대로 판단하고 현대 시대의 생각, 가치관과 조화시킨다면 우리도 하이 라인 공원 같은 시대의 랜드마크를 만들 수 있을 것이다.

수암 119 안전센터 설계공모 당선작(스튜디오 제이엠 건축사사무소, 2022)

첼시 피어의 기억, 그리고 뉴욕의 인공섬

강 위에 떠 있는 리틀 아일랜드

서울 반포 한강공원에 가면 세빛둥둥섬이라는 인공섬이 있다. 국내 대형 설계사무소인 해안건축사사무소의 디자인으로 2014년에 완성한 세빛둥둥섬은 한강 위에 지은 문화시설로 사용되지만 접근성 불편, 프로그램 부재 등의 문제로 기대만큼 시민들에게 적극적으로 사용되지는 못하고 있다. 좋은 아이디어로 완성한 세빛둥둥섬은 건축가 입장에서 기대한 만큼 아쉬움이 큰 프로젝트다.

　뉴욕에는 세빛둥둥섬과 같은 인공섬인 리틀 아일랜드Little Island가 2021년에 완성되었다. 허드슨강 위에 지은 리틀 아일랜드는 강 위에 인공 도시공원을 만드는 프로젝트로, 새로운 개념의 도시공간을 제공한다. 허드슨 야드의 랜드마크인 베슬Vessel, 2019을

디자인한 영국 출신의 건축가 토머스 헤더윅Thomas Heatherwick, 1970~
이 디자인한 리틀 아일랜드는 독특한 형태와 생태적 건축, 도시적
랜드스케이프 디자인으로 화제가 되었다. 이처럼 화제가 된 리틀
아일랜드는 어떻게 이곳에 지어졌을까?

　리틀 아일랜드가 있는 곳은 과거 첼시 피어Chelsea Piers가 있던
곳이다. 피어는 배가 정박하는 장소로 한국어로는 부두에 해당한
다. 맨해튼 서쪽의 첼시 피어는 1900년대 초반 뉴욕을 오가던 사람
들이 주로 이용하는 대형 여객선 터미널이었다. 1912년에 빙산에
부딪혀 침몰한 타이태닉호RMS Titanic의 실제 도착 지점이 첼시 피
어다. 교통수단의 발달과 함께 1935년에 뉴욕 크루즈 터미널이 완

과거 첼시 피어의 모습

위에서 내려다본 리틀 아일랜드

성되자 첼시 피어를 대체하게 되었고 이곳은 화물용 터미널로 사용되기 시작했다. 또한 1940년대 제2차 세계대전 당시에는 군인들을 실어나르던 관문 역할을 하게 된다. 시간이 흘러 1980년대에 맨해튼 서쪽에 있던 고가도로를 평지화하는 작업에 착수하게 되었고 이 계획의 일환으로 1991년에 첼시 피어는 본래 아치형 철골 구조물 하나만을 달랑 남긴 채 철거된다. 지금도 리틀 아일랜드 옆쪽에는 철골 구조물로 남겨진 첼시 피어의 흔적을 볼 수 있다. 고가도로가 사라지자 사람들은 첼시 지역의 허드슨 강변을 새롭게 개발했고 첼시 피어를 중심으로 남쪽은 공원으로, 북쪽은 뉴요커들을

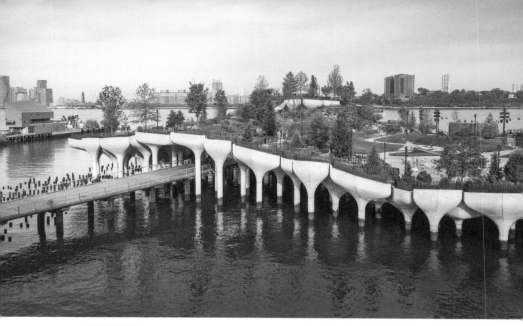

리틀 아일랜드

위한 스포츠 콤플렉스를 계획했다.

　이렇게 역사 속으로 사라진 첼시 피어가 있던 장소는 새로운 패러다임의 공간으로 나아가고 있었다. 그러나 2011년에 허리케인 샌디Hurricane Sandy가 뉴욕을 강타하자 이곳에 있던 피어 54와 55가 강에 박혀 있는 나무 말뚝만을 남긴 채 파괴되고 만다. 피어 54와 55는 이 지역이 공원화되면서 각종 문화 행사를 개최하던 곳이다. 피어 54와 55는 흉물로 몇 년 동안 방치되다 허드슨 강변 공원 신탁Hudson River Park Trust의 주도하에 피어 55에 대한 디자인 공모전이 진행되었고 토머스 헤더윅이 당선된다. 약 2억 6,000만 달러, 한국 돈으로 약 3,000억 원이 투입된 대규모 프로젝트가 추진된 것이다. 인공공원 하나를 만드는 데 3,000억 원이 투입되었다는 사실이 정말 놀랍다. 토머스 헤더윅이 2019년에 완성한 베슬 프로젝트에 2,200억 원이 투입되었는데 리틀 아일랜드는 그 이상인 것이다. 토머스 헤더윅은 다양한 디자인 스터디 끝에 결국 원래 피어 54와 55의 흔적인 나무 말뚝에 집중하게 되었고 이에 영감을 받아 말뚝과 같은 구조물을 디자인한다. 그의 장소에 대한 해석과 디자인은 과거 피어 54와 55의 기억을 상기시키면서 새로운 공간을 창조하게 된다.

리틀 아일랜드의 면적은 약 3,000평이며 35종의 나무와 270종의 다년생 식물과 잔디 등으로 구성되어 있다. 토머스 헤더윅은 구조 엔지니어이자 디자이너인 영국의 에이럽 그룹Arup Group, 프랫 인스티튜트의 교수이면서 랜드스케이프 디자이너인 시그네 닐슨Signe Nielsen과 협업하게 된다. 리틀 아일랜드는 피어 54, 55의 나무 말뚝에서 영감을 받은 튤립 모양의 구조물을 따라 디자인된 공원의 형태와 다양한 테마의 랜드스케이프가 인상적이다. 그래서 이곳에 가면 마치 허드슨강 위를 걷는 듯한 기분이 든다. 자연적인 곡선형의 랜드스케이프를 만들기 위해 조각한 듯한 수십 개의 튤립 모양 콘크리트 구조는 각각 형태와 크기가 조금씩 다르다. 토머스 헤더윅은 바닥판을 이루는 콘크리트 구조물을 프리 패브리케이션Pre-Fabrication 공법을 사용하여 현장에서 조립하는 방법을 고안했다. 복잡할 수 있는 시공을 조립식으로 단순하게 만든 것이다. 이러한 공법은 그가 허드슨 야드의 베슬을 시공했을 때도 동일하게 사용되었다.

리틀 아일랜드는 튤립 모양의 콘크리트 파일 구조물이 각기 다른 높이로 배치되어 인공 섬임에도 다양한 레벨 차의 언덕 같은 랜드스케이프를 가질 수 있게 되었다. 이는 자연적인 경관이 부족한 뉴욕에 새로운 인공의 지형을 만들고 사람들에게 친환경적이면서 생태적인 공원을 제공한다. 이러한 튤립 모양의 구조물은 과거 프랭크 로이드 라이트가 디자인한 존슨 왁스 빌딩Johnson Wax Building, 1939의 내부 기둥을 떠올리게 한다. 인근에 있는 하이 라인 공원이 버려진 폐철로를 재활용하여 생태공원으로 재생시켰다면 리틀 아일랜드는 사람이 점유할 수 없는 강 위에 새로운 생태공원을 만드

리틀 아일랜드 튤립 모양 구조

존슨 왁스 빌딩의 내부 버섯 모양 기둥

는, 무에서 유를 창조한 공간이라고 할 수 있다.

　리틀 아일랜드는 진입로에서부터 극적인 분위기를 나타낸다. 진입로를 걷다 보면 마치 물 위를 걷는 듯한 기분이 든다. 좀 더 걸어가면 리틀 아일랜드 입구가 나오는데 동굴 같은 곳으로 들어가는 느낌이다. 인공 구조물이지만 자연으로 회귀하는 듯하다. 토머스 헤더윅은 어떤 생각으로 리틀 아일랜드를 디자인했을까? 다이어그램을 보면 그가 과거에 있었던 피어 55의 기억을 되살리면서 맨해튼의 도시 조직과 연계시켰음을 알 수 있다. 또한 랜드스케이프 디자인의 발전 과정을 보면 정사각형의 표면을 유기적인 형태로 재구성하는 것을 볼 수 있다. 인공공원 전체가 500년에 한 번 일어날 확률의 홍수에 대비한 높이로 디자인되어 더 이상 허리케인 샌디 같은 자연재해가 일어나도 공원을 보호할 수 있게 되었다.

　토머스 헤더윅은 베슬과 리틀 아일랜드 외에도 첼시 지역에 최고급 럭셔리 아파트 빌딩인 랜턴 하우스Lantern House를 2021년에 완성하여 뉴욕의 풍경을 새롭게 만들었다. 그가 뉴욕에 완성한 작품들은 새로운 건축 디자인적 기법과 도시적 해석을 통해 랜드마크로 거듭나고 있다. 그가 첼시에 완성한 랜턴 하우스는 벌집을 떠올리게 하는 다면체의 건축물 외벽 디자인과 하이 라인 공원 아래에 자리한 메인 로비 공간이 인상적이다. 랜턴 하우스 건물 전체가 하이 라인을 감싸 안고 있는 형상이다. 나는 랜턴 하우스를 답사하면서 거주민들이 로비에 들어갈 때 마치 하이 라인 공원 안으로 들어가는 느낌이 들 것 같다는 생각이 들었다. 이러한 그의 독특한 건축, 도시적 방법론은 리틀 아일랜드에도 녹아 있다. 랜턴 하우스나 베슬이 그에게 건축적으로 새로운 개념을 도입한 프로젝트라면 리틀 아일랜드는 뉴욕의 생태환경Ecology을 재해석한 도시적 랜드스케이프를 제안한 것으로 보인다. 토머스 헤더윅의 건축은 새롭다.

리틀 아일랜드를 보면 서울 한강이 생각난다. 한국에도 뉴욕처럼 천혜의 자원인 한강이 있다. 한강을 건축적으로, 도시적으로 어떻게 사용하는가는 앞으로의 도시 문화에 굉장히 중요하다. 한강은 1988년 서울 올림픽 당시 한강 재정비 사업에 따라 강 폭을 1km로 동일하게 만들고 콘크리트 제방과 둑을 쌓아 한강변을 정비했다. 올림픽 이전에는 사람들이 한강을 걸어서 건너다닐 정도로 거리가 가깝고 얕은 강이었다고 한다. 이러한 재정비는 오히려 강남과 강북의 물리적 거리를 멀어지게 함으로써 여러 가지 도시적, 사회적, 경제적 문제를 낳았다. 또한 한강 자체로만 놓고 보아도 사람들이 접근하기 불편해졌다.

한강을 재생시키기 위한 하나의 아이디어로 리틀 아일랜드가 좋은 사례가 될 수 있다고 본다. 리틀 아일랜드를 직접 답사하면서 앞서 언급한 세빛둥둥섬이 조금 아쉽다는 생각이 들었다. 공간을 채우지 않고 오히려 리틀 아일랜드처럼 비워놓았다면 한강 공원과 연계한 강력한 도시의 오픈 스페이스가 될 수 있었을지도 모른다. 물론 경제적인 이유에서 필연적으로 세빛둥둥섬에 공연장이나 상점, 식당 등을 만들어야 했을 수도 있지만, 한국 건축가 중 한 사람으로서 아쉬움이 남는 프로젝트일 수밖에 없다. 한번 상상해보는 것도 좋을 것이다. 한강변에 리틀 아일랜드 같은 인공공원을 몇 개 조성한다면 한강 공원의 공간적 연장을 기대해볼 수 있고 그곳에서 바라본 강남과 강북의 뷰는 새로운 한강의 멋을 만들어낼 것이다. 또한 그곳에 페리를 운영하여 강남과 강북을 잇는 새로운 교통 체계도 만들 수 있으리라고 생각한다.

이러한 맥락에서 내가 프랫 인스티튜트 건축대학원에서 수행한 졸업작품 프로젝트는 건축과 도시, 자연에 대한 새로운 해석을 담고 있다. 졸업작품인 메타몰픽 랜드스케이프Metamorphic Landscape는 2050년 뉴욕 브루클린 다운타운과 덤보Dumbo 지역의 해수면 상승과 기후변화, 홍수를 데이터를 기반으로 분석하고 이에 대비하는 건축, 도시, 랜드스케이프 디자인을 융합하는 프로젝트다. 생태적이면서 건축, 도시, 랜드스케이프를 융합하는 새로운 시도를 한 것이다. 따라서 리틀 아일랜드처럼 육지의 도시적 맥락과 강 위에 떠 있는 랜드스케이프가 하나가 되어 해수면 상승에 적응하도록 설계했다. 이러한 아이디어는 자연의 의미를 건축, 도시 분야로 확장하고 랜드스케이프 요소를 결합하여 총체적으로 디자인하는 하이브리드 건축을 제안하여 감사하게도 국제 건축상인 인터내셔널 디자인 어워드International Design Awards에서 은상 및 동상, 파리 디자인 어워드Paris Design Awards에서 위너Winner 상을 수상했다.

메타몰픽 랜드스케이프(이용민, 2018~2021)

과거 여객선 터미널인 첼시 피어의 기억에서부터 시작하여 뉴요커의 인공섬이 된 리틀 아일랜드. 옛날에는 뉴욕의 관문으로 사용되었다면 지금 이 장소는 뉴요커들이 휴식을 즐기는 엔터테인먼트 공간이 되었다. 시대와 공간, 그리고 장소는 새로운 것을 계속 만들어나가지만 우리는 지나가는 것들을 계속 기억하며 살아간다. 리틀 아일랜드 앞에 우뚝 서 있는 120년 전에 세워진 첼시 피어의 흔적이 아련하다.

캠퍼스의 낭만도 뉴욕에서

보자르 건축양식의 컬럼비아 대학교 캠퍼스

뉴욕에서 대학교를 다닌다는 상상을 해보자. 세계의 수도라고 불리는 뉴욕에서 낭만과 사랑이 넘치는 대학 캠퍼스를 누빈다는 것은 상상만으로도 행복한 기분이다. 뉴욕에는 미국의 최대 도시답게 여러 대학교가 있다. 그중에서도 아이비리그 대학Ivy League인 컬럼비아 대학교Columbia University는 인기가 많다. 뉴욕이라는 세계 최대 도시에서 아이비리그 대학을 다니는 것은 공부하는 학생에게는 최고의 기회가 될 것이다. 뉴욕 어퍼 웨스트 사이드 북쪽의 모닝사이드 하이츠Morningside Heights에 있는 컬럼비아 대학교는 미국 최고의 역사와 전통을 자랑하는 대학교이며 각 분야에서 세계 최고의 인재들을 배출해내고 있다. 이렇게 최고의 명성을 가진 컬럼비아 대학교의 캠퍼스는 어떻게 만들어졌을까?

　한국에서 대학원을 다닐 당시에 보자르 건축을 연구한 경험이 있다. 그때 뉴욕에 대한 관심으로 보자르 건축에 대해 자료를 조사하던 중, 컬럼비아 대학교의 캠퍼스를 1893년~1900년에 매킴, 미드 & 화이트McKim, Mead & White가 보자르 건축양식으로 지었다는 것을 알게 되었다. 그래서 뉴욕에 유학을 와서 컬럼비아 대학교의 캠퍼스 마스터플랜과 과거 보자르 건축양식으로 만든 건축물을 보았을 때 굉장히 인상적이었다. 연구하던 자료를 직접 눈으로 보게 된 것이다. 학교에서 연구했을 때보다 더 현실적이고 실감 나는 공간적 경험으로 기억하고 있다.

　컬럼비아 대학교는 보자르 건축양식으로 만든 메인 캠퍼스 외에도 여러 개의 캠퍼스와 건물을 보유하고 있다. 맨해튼 북쪽 워싱턴 하이츠에는 의대와 간호대 캠퍼스가 있으며 125번가에서 131번가의 맨해튼빌에는 경영대학원과 예술 및 과학 캠퍼스 단지가 있고 218번가 인우드에는 컬럼비아 대학교 스포츠 콤플렉스가 있다. 하버드 대학교나

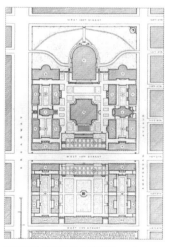

컬럼비아 대학교 마스터플랜(1897)

예일 대학교 같은 다른 아이비리그 대학은 타운 전체를 캠퍼스로 사용하는 데 반해 컬럼비아 대학교는 맨해튼의 높은 땅값 때문인지 여러 곳에 나뉘어 있는 것이 특징이다.

이렇게 맨해튼 한복판에 낭만적으로 존재하는 컬럼비아 대학교의 캠퍼스를 제대로 이해하기 위해서는 먼저 보자르 건축에 대해 파악해야 한다. 일반인은 보자르 건축Beaux-Arts이라는 용어가 생소할 수 있다. 보자르는 프랑스어인데, 영어로 번역하면 Fine Arts, 한국어로는 순수미술로 해석할 수 있다. 보자르라는 단어는 프랑스 파리의 에콜 데 보자르École des Beaux-Arts라는 교육기관이 주도했는데, 고전적인 장식을 미술, 건축 등에 적용한 하나의 예술사적 흐

컬럼비아 대학교 버틀러 도서관과 광장

름이다. 보자르는 건축적으로는 어떠한 영향을 미쳤을까? 일반적인 보자르 건축의 특징으로는 평지붕Flat Roof, 벽면을 거칠게 마감하는 러스티케이션Rustication, 들어 올려진 1층 바닥Raised first Story, 아치형 창문Arched Window, 박공형 문Pedimented Doors, 고전적인 디테일과 장식Classical Details, 대칭하는 입면과 평면Symmetry 등이 있다.

미국을 여행하다 마주치는 시청이나 법원, 정부청사 등 관공서 건물에서 이러한 건축적 특징이 드러난다면 보자르 건축과 연관이 있다고 봐도 무방하다. 보자르 건축은 프랑스에서 유행이 시작되었지만 미국에서 더 오랫동안 유행했다. 보자르의 발상지인 유럽보다 미국에서 더 길게 보자르 건축의 유행이 지속된 것이다. 미국인은 왜 유럽의 전통건축을 계승한 보자르 건축에 매료되었을까?

1800년대 후반부터 1900년대 초반까지 미국 건축계를 이끈 건축가들은 대부분 프랑스 파리의 에콜 데 보자르에서 유학했다. 한국이나 중국의 젊은 건축가들이 현대 건축의 본고장인 미국이나 유럽으로 유학을 가는 것과 비슷하다. 당시 미국인은 대부분 유럽에서 건너온 이주민이었고 유럽 문화와 역사에 대한 동경심이 있었다고 한다. 미국은 유럽인이 신대륙을 개척하며 영국에서 독립한 국가이기 때문에 고향에 대한 노스탤지어Nostelgia를 느꼈을 수도 있다. 그래서 1800년대에는 르네상스 시대의 건축가인 안드레아 팔라디오Andrea Palladio, 1508~1580가 정립한 팔라디오양식에 입각하여 그리스 및 고딕 건축 부활 운동이 일어났을 정도다. 미국의 도시가 아닌 시골에 있는 개인 집이나 교회, 성당 등은 이렇게 그리스 및 고딕 건축 부활 운동에 영향받은 건축 스타일로 지어졌다. 이는 신고전주의Neo Classicism 건축이라고 불린다. 미국의 보자르 건축도 이러한 움직임의 연장선상에 있다.

보자르는 건축교육에도 깊숙하게 침투했다. 보자르 건축교육의 선구자로 펜실베이니아 대학교의 폴 크레트Paul Phillippe Cret, 1876~1945 교수와 매사추세츠 공과대학교의 콩스탕-데지레 데스프라델Constant-Désiré Despradelle, 1862~1912 교수가 있으며 이들의 교육하에 수많은 현대 건축가가 탄생했다. 뉴욕 보자르 건축의 대표 주자로 매킴, 미드 & 화이트McKim, Mead & White가 있다. 이들은 에콜 데 보자르에서 유학한 후, 뉴욕을 중심으로 보자르 건축을 전개해 성장기 뉴욕의 도시 풍경을 만들어나갔다. 웅장하고 수평적이던 유럽식 보자르 건축이 뉴욕에서는 좀 더 수직적인 건축으로 진화했다. 사람뿐만 아니라 건축도 주변 환경에 영향을 받은 것이다. 분명 디테일이나 건축적 표현은 보자르 건축인데 높이 솟아 있다. 뉴욕의 도시 밀도에 적응한 것일까?

매킴, 미드 & 화이트와 보자르 건축을 좀 더 이해하기 위해서는 이전 세대 건

매킴, 미드 & 화이트

축가인 헨리 리처드슨Henry Richardson, 1838~1886이 주창한 리처드슨식 로마네스크Richardsonian Romanesque 스타일의 건축을 살펴보아야 한다. 찰스 매킴과 스탠퍼드 화이트는 매킴, 미드 & 화이트를 설립하기 전에 헨리 리처드슨의 사무소에서 수년간 실무경력을 쌓으며 헨리 리처드슨이 전개하던 11~12세기 로마네스크 스타일의 고전건축과 1800년대 후반 미국의 건축이 어떻게 접목되는지 깊이 배울 수 있었다. 헨리 리처드슨도 파리의 에콜 데 보자르 출신이며 보스턴 트리니티 교회1872, 뉴욕주 의회 의사당1875, 마셜 필드 백화점1887~1930 등의 작품을 남겼다. 그는 로마네스크 건축양식의 특징인 픽처레스크Picturesque의 매스, 원형 아치, 셋백된 출입구, 벽면을 거칠게 마감하는 러스티케이션 등의 기법을 당시의 건축기술과 접목하며 하나의 건축적 양식을 창조해냈다. 이러한 그의 영향력 때문에 헨리 리처드슨은 루이스 설리번Louis Sullivan, 프랭크 로이드 라이트Frank Lloyd Wright와 함께 미국의 3대 건축가로 불리게 된다.

이러한 건축적 배경과 함께 매킴, 미드 & 화이트는 전형적인 미국식 보자르 건축에 입각하여 컬럼비아 대학교 캠퍼스의 마스터 플랜과 세부 건축물까지 디자인했다. 먼저, 전체적인 건물의 배치는 대칭을 이루며 육중한 매스로 구성된 건물들이 집합해 있다. 중심부에 있는 주요 건물인 로우 메모리얼 도서관의 대칭하는 평면과 파사드, 전면부 열주, 돔 지붕, 들어 올려진 계단은 1800년대 프

* 보스턴 트리니티 교회
** 뉴욕주 의회 의사당

랑스 파리의 보자르 건축을 보는 듯하다. 컬럼비아 대학교 학생들이 로우 메모리얼 도서관의 넓은 계단에 함께 모여 앉아 휴식을 취하거나 이야기를 나누는 모습이 인상적이다. 계단이라는 공간은 폭이 좁으면 위아래를 단순히 오르내리는 구조물로만 사용되지만 계단 폭이 넓으면 사람들이 앉아 점유하는 공간이 될 수 있다.

컬럼비아 대학교의 보자르 건축양식은 미국뿐만 아니라 한국의 대학교 캠퍼스에도 영향을 미쳤다. 컬럼비아 대학교가 완성된 이후 케임브리지에 있는 매사추세츠 공과대학교는 윌리엄 보즈워스William Bosworth, 1869~1966가 보자르 건축양식으로 완성했고, 한국 대학교에도 보자르 건축양식과 유사한 본관 건축물이 있다. 경희대학교나 한양대학교 본관 건축물은 파사드의 열주, 대칭 입면, 높은 전면부 계단 등이 보자르 건축에서 보이는 특징들과 유사하다. 이들 건축물도 미국 대학교 캠퍼스 본관의 권위적이고 웅장한 건축물을 모티브로 만들어졌을 수도 있다. 보자르 건축과 현대 교육 건축물은 앞으로 어떻게 평가받게 될까? 그리고 캠퍼스의 낭만과 사랑을 계속 담아낼 수 있을까?

'현대 미술' 하면 생각나는 장소

뉴욕 현대 건축의 역사를 품은 뉴욕현대미술관

뉴욕을 여행하는 사람의 필수 코스 중 하나는 뉴욕현대미술관 Museum of Modern Art에 방문하는 것이다. 줄여서 MoMA라고 부르는 뉴욕현대미술관은 전 세계 현대 미술계를 이끌어가는 미술관 중 하나로 여겨진다. 뉴욕현대미술관은 이름만 들어도 설렌다. 뉴욕 여행자의 필수 코스이기도 하고 뉴욕현대미술관의 스토어에서 쇼핑하는 것도 굉장히 재미있다. 그리고 무엇보다 맨해튼 한복판에 있는 듯한 느낌이 든다. MoMA가 새겨진 상품과 책, 기념품은 한 번 보면 소장하고 싶다는 생각이 몰려온다. 나도 MoMA 스토어에서 지인들에게 줄 선물을 산 기억이 많다. 한국에 돌아올 때도 마찬가지였다.

뉴욕현대미술관이 소장하고 있는 미술품들의 가치는 상상을 초월한다. 그러나 나는 건축가로서 뉴욕현대미술관의 건축물을 주목해보라고 추천한다. 뉴욕현대미술관의 건축물은 현대 건축의 역사와도 같은 작품이다. 미술관 내부에 있는 소장품들이 시대나 미술사조에 따라 전시관이 배치되는 것과 비슷하게 뉴욕현대미술관의 건축물도 시대와 건축사조가 그대로 드러나 있다. 뉴욕현대미술관은 몇 차례에 걸쳐 확장, 증축되었는데 1930년대 모더니즘 건축부터 포스트모더니즘 건축, 현대 건축, 2010년대 이후 뉴욕의 슈퍼 슬렌더 타워의 특징을 모두 볼 수 있다. 하나의 장소에서 현대 건축의 흐름을 볼 수 있는 건축박물관인 셈이다.

뉴욕현대미술관

그렇다면 뉴욕현대미술관의 건축설계를 맡은 건축가는 어떤 사람들일까? 먼저, 1939년에 지금의 자리인 53번가로 뉴욕현대미술관이 이전했을 때 모더니즘 건축 스타일의 뮤지엄을 만든 건축가는 에드워드 듀렐 스톤Edward Durell Stone, 1902~1978과 필립 굿윈Philip Goodwin, 1885~1958이다. 이후 초대 프리츠커 건축상을 수상한 필립 존슨Philip Johnson, 1906~2005이 뮤지엄 증축과 더불어 조각정원을 디자인했으며 1984년에는 아르헨티나 출신 건축가인 시저 펠리César Pelli, 1926~2019가 뮤지엄 타워와 가든 홀을 완성했다.

뉴욕현대미술관의 최대 규모 증축은 2002년에 이루어졌는데 1998년에 미술관 증축을 위한 국제 건축 공모전에서 1등으로 당선된 일본인 건축가 다니구치 요시오Yoshio Taniguchi, 1937~가 설계를 맡았다. 지금 우리가 뉴욕현대미술관을 거닐며 보는 전시관을 비롯해 대부분의 공간은 다니구치 요시오가 설계한 것이다.

이후 2019년에는 뉴욕 기반의 미국인 건축그룹인 딜러 스코피디오+렌프로Diller Scofidio+Renfro의 디자인으로 뮤지엄 입구와 지하 스토어, 전시관을 확장했고, 2020년에는 프랑스 건축가 장 누벨Jean Nouvel이 W 53 W 타워를 완성하여 지금에 이르렀다. 장 누벨의 W 53 W 타워는 엄밀히 말하면 저층부만 뉴욕현대미술관에 포함되어 있으며, 3개의 삼각형 형태가 겹쳐진 얇은 슈퍼 슬렌더 타워의 특징을 나타낸다.

이렇게 뉴욕현대미술관은 약 80년 동안, 2세기에 걸쳐 확장되고 발전되었다. 뮤지엄의 확장과 리노베이션에 참여한 건축가들도 다국적이면서 독특한 건축적 특징을 나타내고 있어서 흥미롭다. 뉴욕현대미술관에서 개최하는 건축전시회는 국제적인 영향력을 미치는데 이러한 전시회를 담는 공간인 건축물 역시 실험을 거듭하는 것이다.

뉴욕현대미술관은 원래 5th 애비뉴의 56번가에 있는 헤크셔 빌딩Heckscher Builidng, 현재 크라운 빌딩 의 12층을 임대하여 1929년에 개관했다. 당시 최고의 부자 가문인 록펠러 패밀리의 애비 올드리히 록펠러Abby Oldrich Rockefeller, 1874~1948가 주도하여 친구인 릴리 블리스Lillie Bliss, 메리 설리번Mary Sullivan과 함께 뮤지엄을 설립한다. 그녀는 역사상 최고의 부자인 존 D. 록펠러 주니어의 아내이며 예술을 사랑하는 후원자였다. 그러나 초기에 그녀는 남편에게서 뮤지엄 설립에 크게 후원을 받지는 못했다. 남편인 존 D. 록펠러 주니어는 현대 미술에 별로 관심이 없기도 했고 당시는 경제 대공황 Great Depression 이 한창이던 시절이기 때문에 투자에 소극적이었다. 그래서 애비 올드리히 록펠러는 공공기관이나 기업, 뉴욕의 저명인사들을 설득하여 재정 지원을 이끌어냈고 결국 1929년에 뉴욕현대미술관 설립을 주도하게 된다.

이러한 그녀의 정성이 남편의 마음을 움직인 것일까? 결국 존 D. 록펠러 주니어는 현재 뉴욕현대미술관 부지를 뮤지엄 측에 기부하면서 가장 영향력 있는 후원자 중 한 명이 되었다. 이 부지는 1939년에 모더니즘 건축가인 에드워드 듀렐 스톤과 필립 굿윈이 인터내셔널 스타일의 건축으로 완성했고 뉴욕현대미술관은 드디어 자신들의 뮤지엄 건물을 소유하게 된다. 뮤지엄이 설립되고 10년 만에 이룩한 쾌거다. 지금도 뉴욕에 가면 이 뮤지엄 건물이 그대로 남아 있다. 뉴욕현대미술관에는 여러 부서가 있는데 그중에서도 1932년에 세계 최초로 설립된 건축, 디자인 부서Department of Architecture and Design는 지금까지 현존한다. 그래서 뉴욕현대미술관의 건축전시는 세계적으로도 손꼽히며 현대 건축의 사조를 이끌어 간다고 해도 과언이 아니다. 나도 뉴욕에 있을 때 뉴욕현대미술관에서 건축전시가 개최되면 여러 번 관람하러 갔다.

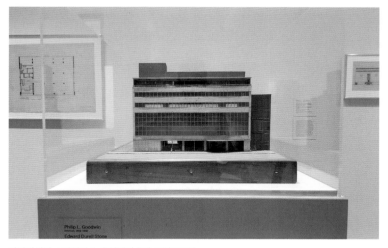

인터내셔널 스타일의 뉴욕현대미술관 모형(1939)

1939년에 자신들의 뮤지엄 건물을 갖게 된 뉴욕현대미술관은 현대 미술계에 강력한 영향력을 미치며 계속해서 발전한다. 그러나 안타깝게도 1948년에 뮤지엄 설립을 주도하던 애비 올드리히 록펠러가 작고했다. 그녀의 아들이자 당시 뉴욕현대미술관 이사회 회장인 데이비드 록펠러David Rockefeller는 필립 존슨을 고용하여 뮤지엄의 정원을 디자인하도록 했고 어머니의 이름을 붙여 애비 올드리히 록펠러 조각정원Abby Aldrich Rockefeller Sculpture Garden으로 명명한다. 1953년에 완성된 조각정원은 뉴욕현대미술관의 야외 쉼터이자 오픈 스페이스로 사용되고 있으며 연못과 조각작품, 대리석으로 마감한 바닥을 통해 뮤지엄 내부와 외부의 소통을 유도하는 중요한 공간으로 기능하고 있다.

이와 더불어 필립 존슨은 뮤지엄 서쪽을 증축하여 뉴욕현대미술관은 첫 번째 확장을 하게 되었다. 뉴욕현대미술관이 확장되는 동시에 마당을 갖게 된 것이다. 이는 굉장히 새로운 뮤지엄 공간이었다. 일반적인 서양의 박물관은 내부공간으로만 구성되어 미술품을 한참 감상하다 보면 지치거나 지루한 느낌이 들지만, 뉴욕현대미술관은 관람객이 내외부 공간을 자유롭게 거닐 수 있다는 점에서 새로운 개념의 공간을 도입한 것이다. 실제로 이 조각정원에서는 사람들이 미술품을 구경하다가 밖으로 나와 신선한 공기를 마시며 쉬는 도시의 오아시스로 기능하고 있다. 맨해튼 한복판의 오아시스.

뉴욕현대미술관의 조각정원

이후 뉴욕현대미술관은 성장을 거듭하여 소장품은 거의 두
배가 되었고 큐레이터와 부서도 30% 정도 증가함에 따라 확장이
불가피해졌다. 뮤지엄 측은 당시 예일 대학교 건축대학원Yale School
of Architecture 학장이자 아르헨티나계 미국인 건축가 시저 펠리를 고
용하여 뮤지엄 타워와 갤러리 확장을 위한 디자인을 맡긴다. 이 프
로젝트는 1977년 시저 펠리가 예일 대학교 건축대학원 학장으로
임명된 직후에 수주했으며 뉴욕현대미술관 프로젝트를 통해 그는
예일 대학교 앞에 자신의 사무소를 오픈한다. 자신의 이름을 걸고
처음으로 수행한 프로젝트가 뉴욕현대미술관 프로젝트라는 것이
놀랍다.

시저 펠리는 럭셔리 아파트로 구성된 뮤지엄 타워와 갤러리 확장, 가든 홀 Garden Hall 을 증축하는 디자인을 완성한다. 뮤지엄 타워는 56층으로 구성된 초고층 빌딩이며 단순한 형태와 유리로 마감한 외관이 특징이다. 모더니즘 건축의 원리와 유사하지만 외벽의 유리 커튼월에 새겨진 흰색 패턴들 때문에 전형적인 모더니즘 건축은 아닌 것으로 보인다. 이는 앞으로 시저 펠리가 완성하게 될 말레이시아의 페트로나스

뮤지엄 타워

트윈타워 Petronas Twin Towers, 1998 나 서울 광화문 교보타워 1980 의 건축적 미학과 유사해 보인다. 가든 홀은 다니구치 요시오의 디자인으로 리노베이션되었지만 연속으로 셋백되는 유리로 구성된 투명한 파사드가 뉴욕현대미술관 조각정원과의 연계를 의도했다.

전체적으로 시저 펠리의 뉴욕현대미술관 디자인은 모더니즘 건축이라기보다는 포스트모더니즘 건축 Post-Modernism 이나 후기 모더니즘 건축 Late-Modernism 과 가까워 보인다. 유리를 적극적으로 사용했지만 형태적으로는 인터내셔널 스타일보다 복잡한 형태를 구현한 시저 펠리. 그는 뉴욕현대미술관의 주연이 아니라 투명성을 통한 조연으로서의 건축을 생각한 것이 아닐까?

뉴욕현대미술관 조각정원에서 바라본 과거 가든 홀

시저 펠리가 디자인한 뉴욕현대미술관 이후 뮤지엄은 메이저급 리노베이션에 착수한다. 방대한 규모의 소장품을 수용하기 위해서다. 프로젝트의 건설 비용만 당시 환율로 약 1조 원이었다. 뉴욕현대미술관은 국제 건축 공모전을 개최한다. 1997년에 개최한 뉴욕현대미술관 건축 공모전은 건축가들에게는 최고의 기회가 되었다. 먼저, 당시 세계적으로 이름을 날리던 건축가 10명이 초청되었다. 일본인 건축가 이토 도요Toyo Ito와 다니구치 요시오Yoshio Taniguchi, 스위스 출신의 헤어초크 & 드 뫼롱Herzog & de Meuron과 베르나르 추미Bernard Tschumi, 미국 출신의 스티븐 홀Steven Holl과 토드 윌리엄스 & 빌리 티엔Tod Williams & Billie Tsien, 네덜란드 출신의 렘 콜

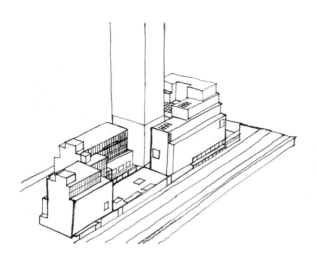

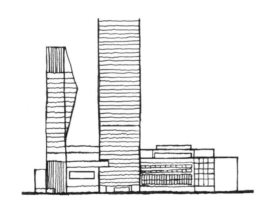

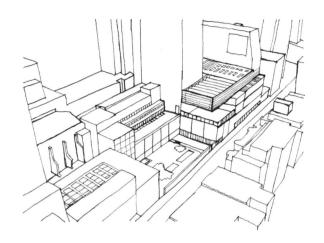

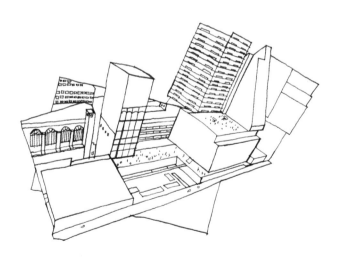

*   베르나르 추미의 계획안 스케치
** 렘 콜하스의 계획안 스케치

하스Rem Koolhaas와 비엘 아레츠Wiel Arets, 우루과이계 미국인 라파엘 비뇰리Rafael Viñoly, 프랑스인 건축가 도미니크 페로Dominique Perrault. 다양한 출신과 건축적 특징을 나타내던 건축가들을 초청한 뉴욕현대미술관은 최종 3팀을 선정하여 2차 공모전을 진행한다. 1차 공모전에서 다니구치 요시오, 베르나르 추미, 그리고 헤어초크 & 드 뫼롱의 작품이 선정되었고, 이들은 2차 공모전에서 발전된 계획안을 제출한다.

1차 공모전을 통과한 세 명의 건축가들이 제출한 작품은 모두 특색이 뚜렷했다. 정리해보면 헤어초크 & 드 뫼롱의 계획안은 사선형 타워 형태의 뮤지엄과 더불어 전체적으로 오브제적인 건축이었고, 베르나르 추미의 디자인은 뮤지엄의 오픈 스페이스인 조각정원을 전시공간의 중간에 배치하여 확장하는 아이디어를 제안했다. 최종적으로 당선된 다니구치 요시오의 작품은 이들의 디자인보다 눈에 띄지는 않는다. 대칭하는 정직한 사각형 매스를 조각정원의 양 끝에 배치하여 차분하면서도 미니멀한 디자인을 제안한 것이다.

당선 직후 뮤지엄 측과 다니구치 요시오 사이에 설계비에 대한 일화가 있는데, 뮤지엄 측에서 먼저 다니구치 요시오에게 설계비가 얼마나 필요하냐고 물었다고 한다. 그러자 다니구치 요시오는 "설계비를 조금 주면 내 계획안이 매우 돋보일 테지만 많이 주면 뮤지엄을 없애주겠다"고 말했다고 한다. 뮤지엄 측에 무언가 의

미심장한 말을 남긴 다니구치 요시오의 계획안은 그의 발언처럼 굉장히 차분하고 단순한 미학의 건축물을 완성하게 되고 이는 오히려 뉴욕현대미술관이 맨해튼의 특수한 도시적 맥락에서 강력한 존재감을 나타내는 요소가 되었다.

이러한 다니구치 요시오의 계획안에서 완성된 뮤지엄의 내부 공간을 살펴보자. 평면도를 보면 곳곳에 보이드Void° 공간들이 표시되어 있음을 볼 수 있다. 그는 내부에 연속된 보이드 공간을 배치하여 수직적으로 공간적, 시각적 연계를 의도했다. 이는 동양 건축에서 자주 볼 수 있는 차경借景°°을 3차원으로 재해석한 다니구치 요시오의 디자인 기법이다. 이는 일본 건축가인 안도 다다오Ando Tadao, 1941~도 자주 사용하는 공간적 기법 중 하나다. 동양과 서양 건축의 융합이라고 보면 된다. 이러한 뉴욕현대미술관의 공간은 여러 층으로 구성되어 있지만 한 공간에 있다는 느낌을 준다.

뉴욕현대미술관은 2019년에 딜러 스코피디오+렌프로의 리노베이션과 2020년 장 누벨의 W 53 W 타워가 완성되어 지금에 이르렀다. 이 두 차례 증축과 확장 과정에서 기존에 뉴욕현대미술관 바로 옆에 있던 아메리칸 포크 아트 뮤지엄American Folk Art Museum이 소실되었다. 2001년에 세운 아메리칸 포크 아트 뮤지엄은 민속 예

○   건물 내부의 빈 공간.
○○   바깥 풍경을 마치 벽지나 액자처럼 들여와 건축의 일부로 활용하는 건축기법.

뉴욕현대미술관의 연속된 보이드 공간

술품을 전시하던 곳이고 뉴욕현대미술관의 국제 건축 공모전에도 초청된 건축가 그룹인 토드 윌리엄스 & 빌리 티엔이 디자인한 가치 있는 건축물이다. 그러나 아메리칸 포크 아트 뮤지엄은 치솟는 채권을 감당하지 못하고 뉴욕현대미술관에 건물을 팔게 된다. 이는 뉴욕현대미술관이 뮤지엄을 확장할 수 있는 기회를 제공해주었고 기존의 아메리칸 포크 아트 뮤지엄은 컬럼버스 서클 근처로 이사하게 되었다. 2011년에 뮤지엄은 철거되었고 뉴욕현대미술관은 공간 확장을 추진한다. 이는 우리에게 큰 교훈을 남긴다. 건축과 도시, 부동산 분야에서 기존의 건물을 철거하고 새로운 것을 지으면 경제적인 관점에서 이득이 될 가능성이 크다. 더 크고 높은 건물을 지을 수 있고 공간적으로도 현대적인 인테리어와 환경을 만들 수 있기 때문이다. 그러나 이러한 방법론이 계속된다면 우리는 장소가 가진 역사와 기억, 그리고 희소성을 잃어버릴 수 있다.

2021년에 서울에도 비슷한 일이 일어났다. 서울 남산 자락에 있는 밀레니엄 힐튼 호텔1983이 어느 부동산 그룹에 매각되었다는 뉴스를 보았다. 부동산 그룹은 밀레니엄 힐튼 호텔을 완전히 철거하고 용적률을 두 배로 늘려 새로운 건물을 지을 계획이라는 소식을 전해왔다. 이 뉴스를 보며 또 하나의 아메리칸 포크 아트 뮤지엄과 같은 사례가 되겠구나 하며 아쉬운 생각이 들었다. 밀레니엄 힐튼 호텔이 무엇인가? 한국 현대 건축의 2세대 선구자이자 루트비히 미스 반데어로에의 유일한 한국인 제자인 건축가 김종성 선생1935~이 미국에서 한국으로 귀국하여 남긴 첫 번째 건축작품이다. 일리노이 공과대학교의 건축대학 학장이자 교수였던 김종성 선생이 미스 반데어로에의 건축과 더불어 한국적 공간을 접목한 가치 있는 건축물이다. 밀레니엄 힐튼 호텔이 철거될 위기에 몰렸지만 분명히 기억해야 한다. 경제적인 가치가 지나치게 우선되면 우리의 기억과 장소가 파괴될 수 있다는 사실을.

빙글빙글 돌아가는 영혼의 사원

경사로로 이루어진 솔로몬 구겐하임 뮤지엄의 미학

뉴욕다운 뮤지엄은 무엇일까? 뉴욕에는 박물관이 많이 있다. 전시 문화가 생활화된 뉴요커들이다. 메트로폴리탄 뮤지엄이나 뉴욕현대미술관처럼 대형 박물관이 아니더라도 첼시 지역이나 소호 지역, 어퍼 이스트 사이드 지역에는 중소형 갤러리와 미술관이 많이 자리하고 있다. 이러한 박물관들은 뉴요커들에게 휴식과 문화를 함께 제공하는 낭만적인 공간으로 사용된다.

뉴욕의 여러 미술관 중에서도 다양한 문화와 역동적인 도시 라이프를 담은 솔로몬 R. 구겐하임 뮤지엄 Solomon R. Guggenheim Museum, 1959은 특별한 장소다. 뉴욕을 여행하는 사람들 대부분은 이곳을 방문한다. 뉴욕을 상징하는 미술관 중 하나로 손꼽히며 특이하면서 재미있는 솔로몬 구겐하임 뮤지엄의 전시공간은 뉴요커는 물론이고 관광객에게도 매력적인 문화 스폿이다. 솔로몬 구겐하임 뮤지엄은 뉴욕현대미술관이나 휘트니 뮤지엄 같은 미술관과는 분위기 자체가 다르다. 정적이며 조용하다. 센트럴 파크가 바로 앞에 있어서일까? 조금 과장해서 표현하면 시골에 있는 작은 뮤지엄 같기도 하다. 솔로몬 구겐하임 뮤지엄 주변은 대부분 주거 건물로 이루어져 있어서 복잡한 뉴욕 도심인 로어 맨해튼이나 미드타운 맨해튼과는 사뭇 다른 분위기를 느낄 수 있다.

솔로몬 구겐하임 뮤지엄은 뉴욕의 부촌으로 알려진 어퍼 이스트 사이드Upper East Side 에 있다. 이 지역은 맨해튼의 동북부이며

솔로몬 R. 구겐하임 뮤지엄

센트럴 파크를 중심으로 동쪽에 있는 동네다. 미드타운 맨해튼과 가깝고 센트럴 파크가 바로 옆에 있어 주거와 문화가 발달한 지역이다. 맛집이나 카페도 많고 쇼핑거리도 있다. 솔로몬 구겐하임 뮤지엄이 있는 어퍼 이스트 사이드에는 뮤지엄 마일Museum Mile 이라는 길이 있다. 뮤지엄 마일은 맨해튼의 5th 애비뉴의 끝에서부터 뻗어 올라가는 대로인데 박물관과 미술관이 많은 지역이다. 이 길을 걷다 보면 뮤지엄 9개를 만나볼 수 있다. 뉴요커와 관광객에게 뮤지엄 마일은 문화의 성지다. 쿠퍼 휴이트 뮤지엄, 메트로폴리탄 뮤지엄, 노이에 갤러리 등은 예술을 사랑하는 뉴요커에게 최고의 장소다.

그렇다면 뉴욕의 대표적인 미술관 중 하나인 솔로몬 구겐하임 뮤지엄은 어떻게 지어졌을까? 이곳은 미술관의 이름처럼 솔로몬 구겐하임이 설립했다. 그는 광산업으로 큰 부를 축적했고 19세기 후반부터 20세기 초반에 유명 미술 작품들을 수집했다. 뮤지엄을 짓기 전, 그는 힐라 폰 리베이Hilla von Rebay라는 아티스트를 만났는데 그녀는 솔로몬 구겐하임에게 유럽의 아방가르드 예술을 소개해주었다. 힐라 폰 리베이를 통해 유럽의 예술에 눈을 뜬 솔로몬 구겐하임은 예술품 수집에 대한 전략과 방향성을 바꾸게 되고 바실리 칸딘스키Wasily Kandinsky를 비롯하여 현대 추상화가들의 작품을 수집한다. 지금도 솔로몬 구겐하임 뮤지엄의 칸딘스키 컬렉션은 국제적으로 인정받고 있다. 그는 영화 〈나홀로 집에 2〉에 나오는 플라자 호텔에 있는 자신의 아파트에서 수집한 컬렉션을 전시하기 시작했고 1937년에 솔로몬 R. 구겐하임 재단을 설립했다.

솔로몬 구겐하임 재단은 1943년에 모더니즘 건축의 거장으로 불리던 프랭크 로이드 라이트Frank Lloyd Wright, 1867~1959를 새로운 뮤지엄의 건축가로 섭외했다. 당시 뮤지엄의 초대 디렉터는 힐라 폰 리베이였고 그녀는 프랭크 로이드 라이트에게 영혼의 사원Temple of the Spirit 같은 공간을 만들어달라고 의뢰한다. 힐라 폰 리베이는 독일 출신의 아티스트로, 프랑스 파리에서 풍경화와 초상화 등을 공부했다. 이후 그녀는 독일의 유겐스틸Jugendstil에 매료되어 추상화 같은 현대 미술에 깊은 영향을 받았다. 따라서 그녀는 유럽의 아방가르드 예술에 대해 영적이면서 유토피아적인 생각을 가지고 비물질적 예술non-objective art을 추구했다. 이러한 그녀의 뮤지엄에 대한 철학은 프랭크 로이드 라이트가 솔로몬 구겐하임 뮤지엄을 디자인하는 데 많은 영감을 주었다.

그들은 뮤지엄의 위치에 대해서도 의논했는데 여러 장소 중에서 힐라 폰 리베이는 센트럴 파크와의 인접성을 강조했다. 그녀는 솔로몬 구겐하임 뮤지엄을 소음이나 혼잡한 도심에서 떨어진 안정적이면서 자연적인 장소에 짓기를 원했다. 이러한 요소도 솔로몬 구겐하임 뮤지엄의 자연과 동화되는 유기적인 디자인에 영향을 미쳤다. 결과적으로 당시에 그녀는 지금 우리가 보는 솔로몬 구겐하임 뮤지엄의 조용하고 아늑한 분위기를 구현한 것이다.

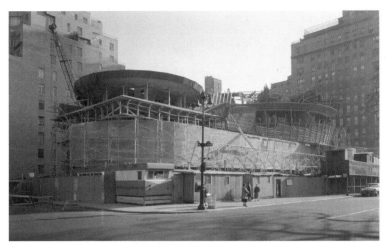
시공 중인 솔로몬 R. 구겐하임 뮤지엄(1957)

프랭크 로이드 라이트는 초기에 네 가지 계획안을 가지고 힐라 폰 리베이와 의논한다. 세 가지 계획안은 연속된 경사로로 구성된 것이었고 다른 하나는 육각형으로 구성된 전시공간이 특징이었다. 프랭크 로이드 라이트는 당시에 경사로 공간에 대한 새로운 가능성을 탐구한 것으로 보인다. 그는 샌프란시스코의 V. C. 모리스 숍V. C. Morris Gift Shop, 1948 내부공간에 경사로를 디자인하여 1층과 2층을 연결했으며, 자신의 아들들을 위해 애리조나에 지은 데이비드, 글래디스 라이트 하우스David and Gladys Wright House, 1952에서는 외부 경사로가 집을 휘감는 형태로 완성했다.

프랭크 로이드 라이트가 제안한 공간은 과거 메소포타미아 지역에서 신전으로 사용하던 지구라트Ziggurat를 거꾸로 세워놓은 것과 같았다. 그는 이전에도 이러한 형태와 공간에 대한 탐구를 지속했다. 중동 지역 특유의 공간을 현대 건축과 융합하려 한 것일까?

그의 이러한 디자인은 바티칸 박물관Vatican Museum, 1506의 계단과 천창으로 구성된 아트리움과 매우 닮았다. 심지어 천창의 프레임도 유사하다. 몇몇 건축 평론가는 프랭크 로이드 라이트가 바티칸 박물관의 아트리움에서 아이디어를 얻었을 거라고 추측하기도 한다. 그는 솔로몬 구겐하임 뮤지엄의 디자인에 대하여 "이러한 기하학적 형태는 인간의 아이디어, 분위기, 감각들을 끌어올린다"라고 자평했다. 그의 독특한 디자인을 통해 뮤지엄의 전시공간은 흐르는 듯한 유기적인 전시 동선을 갖게 되었다.

안타깝게도 프랭크 로이드 라이트가 구상한 솔로몬 구겐하임 뮤지엄의 아이디어는 모두 구현될 수 없었다. 그는 석재로 건물 외벽을 마감하려 했지만 예산 때문에 콘크리트로 대체되었고, 이후에 붉은색 외벽을 제안했지만 받아들여지지 않

바티칸 박물관 브라만테 계단의 아트리움과 천창

았다. 실제로 그가 붉은색 계열로 외벽을 칠한 투시도가 존재한다.

또한 북쪽의 작은 로툰다°에는 설립자 솔로몬 구겐하임과 디렉터인 힐라 폰 리베이의 아파트를 디자인했지만 미술관의 오피스와 창고로 시공되었다. 게다가 1959년에 뮤지엄이 완성된 이후, 1965년에는 오피스와 창고도 전시공간으로 리노베이션했다. 그리고 지금 우리가 보는 솔로몬 구겐하임 뮤지엄의 천창은 불투명하게 덮여 있어서 프랭크 로이드 라이트의 의도와는 전혀 다른 방향으로 시공되었다.

솔로몬 구겐하임 뮤지엄 설립자인 솔로몬 구겐하임이 1949년에 작고한 이후 구겐하임 가문은 다른 방향으로 재단을 운영했다. 솔로몬 구겐하임 재단은 디렉터인 힐라 폰 리베이를 해고하고 제임스 존슨 스위니 James Johnson Sweeney 를 새로운 디렉터로 임명한다. 이는 프랭크 로이드 라이트의 천창 디자인에 큰 영향을 미치게 된다. 제임스 존슨 스위니는 힐라 폰 리베이와 친한 프랭크 로이드 라이트의 디자인에 냉소적이었다. 그는 프랭크 로이드 라이트의 천창을 불투명하게 덮어버렸고 프랭크 로이드 라이트의 디자인 의도는 묵살된다. 이후 프랭크 로이드 라이트는 뮤지엄이 완공되기 6개월 전에 타계하여 완성된 뮤지엄을 보지 못한다. 천창이 덮인 솔로몬 구겐하임 뮤지엄의 전시공간은 어땠을까? 인공조명에만 의

○   고전 건축에서 원형 또는 타원형 평면 위에 돔 지붕을 올린 건물 혹은 내부공간.

* 솔로몬 R. 구겐하임 뮤지엄의 아트리움과 천창
** 솔로몬 R. 구겐하임 뮤지엄의 경사로로 구성된 전시공간과 아트리움

지한 어두운 전시공간이 되었을 것이다. 전시품을 보호하는 데는 더 좋았을지도 모른다.

그러나 수십 년 후 반전의 드라마가 펼쳐진다. 프랭크 로이드 라이트의 디자인 의도가 1992년에 리노베이션을 통해 마침내 세상에 드러난다. 프랭크 로이드 라이트의 원래 의도가 작고한 지 33년 만에 빛을 발하게 된 것이다. 솔로몬 구겐하임 뮤지엄은 1992년에 소장품 증가로 증축하게 되었고 뉴욕 파이브New York Five의 건축가인 찰스 과스메이Charles Gwathmey, 1938~2009가 이끄는 과스메이 & 시겔Gwathmey & Siegel을 건축가로 섭외한다. 찰스 과스메이는 먼저 프랭크 로이드 라이트의 원래 계획안의 스케치를 분석했다. 그는 메인 전시공간의 천창을 투명한 유리로 바꾸고 뮤지엄 동쪽에 10층 높이의 베이지색 타워를 디자인했다. 이 타워에 전시공간 4개가 추가되었고, 단순한 박스 형태의 공간으로 효율적인 전시가 가능했다. 이는 프랭크 로이드 라이트의 디자인과는 상반되는 건축이었다. 초기에 찰스 과스메이의 디자인은 비판에 직면했는데, 흰색 곡선형으로 구성된 솔로몬 구겐하임 뮤지엄과 그의 딱딱한 박스형 건축이 대비되어 조화되지 않는다는 것이었다. 그러나 이러한 비판은 시간이 흘러 긍정적으로 바뀐다. 은은한 베이지색의 박스형 건물이 밝은 흰색의 곡선형 뮤지엄을 돋보이게 만드는 배경이 되어준 것이다. 건축은 시간이 지나야 비로소 가치를 인정받기도 한다. 파리의 에펠탑도 당대에는 비판적인 평가를 받기도 했다.

솔로몬 구겐하임 뮤지엄은 현대 건축에도 많은 영감을 주었다. 빙글빙글 돌아가는 경사로로 구성된 전시공간이 후대 건축가들에게 아이디어의 원천이 된 것이다. 마치 주차타워의 램프 위에서 자동차가 아닌 사람이 걸어다니는 것과 같다. 프랭크 로이드 라이트의 아이디어를 응용한 공간은 한국에서도 볼 수 있다. 재미 건축가 김태수 선생1936- 은 과천 현대미술관의 로툰다에 경사로 공간을 만들고 고故 백남준 선생1932~2006 의 작품 〈다다익선〉을 전시했다. 또한 스위스 건축가 마리오 보타Mario Botta, 1943~ 가 디자인한 서울 삼성미술관 리움 뮤지엄 1은 로툰다 공간에 커다란 천창을 만들고 사람들이 로툰다를 돌며 위아래층으로 이동하는 동선을 구성했다. 대전광역시의 국립중앙과학관 창의나래관은 아예 솔로몬 구겐하임 뮤지엄의 외관을 전면에 복사한 모습이다. 삼우종합건축사사무소에서 설계한 창의나래관은 로툰다를 중심으로 관람객이 계단을 통해 옥상까지 연결되는 아이디어를 구현했다.

솔로몬 구겐하임 뮤지엄은 뉴욕의 대표적인 예술과 문화의 성지로 뉴요커들과 함께 숨 쉬고 있다. 뉴욕에 유학 갔을 때 교과서에서만 보던 프랭크 로이드 라이트의 건축을 자주 보러 다닐 수 있어서 행복했다. 내가 살던 브루클린 지역에서 솔로몬 구겐하임 뮤지엄까지 지하철로 40분 정도 걸리는데 학생증을 제시하면 무료로 전시를 관람할 수 있었다. 지금으로부터 63년 전에 지은 이 뮤지엄이 2010년대에 건축을 공부한 나에게도 교훈을 주었다. 좋은 건축은 시간이 지나도 유효하다.

솔로몬 구겐하임 뮤지엄은 수십 년 전에 완성되었지만 공간의 크기, 휴먼 스케일, 형태, 색채, 기능 등이 2020년대에 사용하기에도 적합해 보인다. 프랭크 로이드 라이트의 마지막 작품이자 그의 일생 동안의 건축철학이 담겨 있는 역작다운 건축이다. 유기적으로 흐르는 듯한 전시공간과 동선, 여러 개 층이 마치 한 공간처럼 인지되는 뮤지엄, 모든 공간과 재료 마감이 곡선형으로 통일된 디자인. 프랭크 로이드 라이트는 솔로몬 구겐하임 뮤지엄을 통해 2020년대를 살아가는 우리에게 한 수 가르쳐주는 듯하다. 제대로 지은 건축은 수백 년이 지나도 사랑받는 장소가 된다는 것.

클래식 음악은 뉴욕에서

링컨 센터, 뉴욕의 클래식 예술 공간

클래식 음악은 유럽에서 태동한 이후 뉴욕에서도 유행하게 된다. 뉴욕에는 카네기 홀Carnegie Hall 이라는 대형 공연장이 있어서 클래식 음악이 뉴욕에서 흥행하는 데 일조했다. 카네기 홀이 1900년대 초·중반에 뉴욕 클래식 음악의 성지였다면 현대 뉴욕에서는 링컨 센터Lincoln Center 가 뉴요커들의 클래식 예술을 담고 있다. 사람들은 이곳에서 클래식 음악과 공연을 보기 위해 티켓을 예매하고 들뜬 마음으로 기다린다. 마침내 공연날이 오면 멋지게 옷을 입고 클래식 음악과 예술을 감상하러 간다. 링컨 센터는 한국으로 치면 서울 예술의 전당이라고 할 수 있다. 링컨 센터는 세계 3대 클래식 오케스트라인 뉴욕 필하모닉과 함께 메트로폴리탄 오페라와 뉴욕

발레 극장, 줄리아드 스쿨이 소속되어 있는 뉴욕 클래식 예술의 중심지다.

뉴요커들의 클래식 음악을 담은 링컨 센터는 어떠한 공간으로 구성되어 있을까? 나는 링컨 센터의 공간을 이렇게 기억한다. 동네 공연장. 링컨 센터는 맨해튼을 그냥 걷다 보면 마주치는 일상의 공간 같다. 걷다가 링컨 센터로 들어가 분수대와 벤치, 잔디밭에서 쉬다가 올 수도 있고 친구들과 커피와 간식을 사서 수다 타임을 즐길 수도 있는 일상적인 장소다. 링컨 센터 주변에는 카페도 많아 나는 공연장에 가는 날이 아니어도 아내와 함께 링컨 센터의 나무 아래에 앉아 데이트를 즐기기도 했다. 서울 예술의 전당은 도심과 조금 떨어져 있어 마음먹고 가야 하는 예술 공연장이지만 링컨 센터는 뉴욕의 중심지 중 하나인 어퍼 웨스트 사이드의 초입에 있으며 바로 앞에는 브로드웨이가 있다. 브로드웨이를 따라서 걸어 올라가면 링컨 센터가 보인다. 지하철역과도 걸어서 1분 거리에 있다. 접근성이 굉장히 좋은 것이다. 뉴요커들의 클래식 공연장이 말 그대로 걷다가 만날 수 있는 일상의 공간인 셈이다.

링컨 센터에 있는 건축물들은 위압적이지 않다. 링컨 센터는 크게 5개 건물이 있는데도 사이즈가 주변 도시에 있는 건물들보다 작고 낮아서 마치 공원에 들어가는 듯한 느낌이 든다. 각각 메트로폴리탄 오페라 하우스, 데이비드 게펜 홀, 데이비드 코흐 극장, 줄리아드 스쿨이 사용하는 앨리스 털리 홀, 브로드웨이 극장인 비비

링컨 센터

안 보몬트 극장이다. 비비안 보몬트 극장과 메트로폴리탄 오페라 하우스 사이에는 작은 규모의 뉴욕공립도서관 공연예술 분점도 있다. 링컨 센터의 면적은 약 2만 평 규모다. 서울 예술의 전당이 약 6만 8,000평 규모로 링컨 센터보다 3배 이상 크다. 링컨 센터는 맨해튼 어퍼 웨스트 사이드의 62번가부터 66번가, 9th 애비뉴부터 10th 애비뉴에 이르는 콤플렉스로 구성되어 있다. 단지로 구성된 도시 건축인 셈이다.

링컨 센터가 위치한 지역은 링컨 스퀘어Lincoln Square라고 불리는 동네다. 링컨 스퀘어는 원래 산 후안 힐San Juan Hill로 불렸다. 산 후안 힐은 19세기에 아프리카계 미국인과 아프리카계 캐러비

안인이 남쪽의 그리니치 빌리지에서 이곳으로 이주하여 흑인 커뮤니티를 이루던 동네였다. 이곳에 정착한 흑인들은 산 후안 힐에서 1940년대까지 살다가 뉴욕시의 도시 재개발 정책에 따라 맨해튼 북동쪽의 할렘 지역으로 이주하게 된다. 우리가 익히 알고 있는 할렘 지역에서 이 당시에 흑인들이 대규모 커뮤니티를 이루기 시작한 것이다. 당시 뉴욕시의 도시계획가인 로버트 모지스Robert Moses, 1888~1981는 도시 재개발 계획안에 따라 산 후안 힐에 있던 건물들을 모두 쓸어버린다. 로버트 모지스는 악명 높은 불도저 개발로 흑인과 라틴계 뉴요커들에게서 엄청난 비난을 받았다. 당시 산 후안 힐 지역은 뉴욕에서 가장 낙후한 지역으로 간주되었기 때문에 이지역이 로버트 모지스에게 좋아 보일 리 없었다. 1947년부터 뉴욕시는 산 후안 힐에 있던 건물들을 허물고 링컨 센터를 비롯하여 중산층을 위한 집을 짓기로 했다. 이는 제2차 세계대전 이후 도시 개발로 지역 주민들이 다른 지역으로 이주하게 되는 젠트리피케이션Gentrification을 일으킨다.

이렇게 로버트 모지스가 추진한 링컨 스퀘어 지역의 도시 재개발은 링컨 센터를 짓기 위한 약 2만 평의 대지를 확보하고 1955년부터 링컨 센터 개발이 시작된다. 링컨 센터는 록펠러 가문의 후계자인 존 D. 록펠러 3세John D. Rockefeller III, 1906~1978의 지휘로 추진되었다. 그는 1956년에 링컨 센터의 회장으로 취임하여 막대한 건설 비용을 후원한다. 록펠러 가문의 선대 인물들처럼 존 D.

링컨 센터가 지어지기 이전의 산 후안 힐

록펠러 3세도 사회, 문화 사업을 지원한 것이다.

링컨 센터는 대규모 시설답게 건축가 여러 명이 프로젝트에 참여한 것이 특징이다. 록펠러 가문의 건축가 윌러스 해리슨Wallace Harrison, 1895~1981이 링컨 센터의 마스터플랜과 메트로폴리탄 오페라 하우스Metropolitan Opera House의 디자인을 맡았고, 그의 파트너 맥스 아브라모비츠Max Abramovitz, 1908~2004가 뉴욕 필하모닉 공연장인 데이비드 게펜 홀David Geffen Hall을, 나중에 초대 프리츠커 건축상을 수상하는 필립 존슨Philip Johnson, 1906~2005이 뉴욕 발레 극장인 데이비드 코흐 극장David H. Koch Theater을, 줄리아드 스쿨이 사용하게 될 앨리스 털리 홀Alice Tully Hall은 매사추세츠 공과대학교MIT 건축대학장이었던 피에트로 벨루스키Pietro Belluschi, 1899~1994가 디자인한다.

* 뉴욕 필하모닉이 사용하고 있는 데이비드 게펜 홀 내부
** 링컨 센터의 후면부 광장과 비비안 보몬트 극장

또한 1965년에는 비비안 보몬트 극장이 핀란드계 모더니즘 건축가인 에로 사리넨Eero Saarinen, 1910~1961 의 디자인으로 완성된다. 링컨센터는 1969년에 앨리스 털리 홀이 완성되면서 뉴요커들의 문화적쉼터로 거듭나게 된다.

월러스 해리슨은 링컨 센터의 마스터플랜을 여러 차례 수정한 끝에 메트로폴리탄 오페라 하우스를 콤플렉스의 중심에 배치하고 데이비드 게펜 홀과 뉴욕 발레 극장을 좌우에 대칭으로 두는 계획안을 확정한다. 그는 초기에 건물들을 비대칭으로 배치하는 계획안을 제안하지만 디자인이 실질적으로 발전함에 따라서 대칭적인 마스터플랜을 최종으로 설계한 것으로 보인다. 월러스 해리슨은 프랑스의 에콜 데 보자르에서 공부한 당시 미국 건축계의 엘리트 건축가다. 그는 에콜 데 보자르에서 배운 건축 원리와 제2차 세계대전 이후 모더니즘 건축을 접목하는 과도기적인 건축적 특징을 나타낸 인물이다.

이러한 특징은 그의 커리어 후반기로 갈수록 두드러진다. 링컨 센터의 마스터플랜은 이러한 그의 건축철학이 담겨 있다. 건축물을 개별적으로 보면 단순한 사각형 형태가 모더니즘 건축에서 파생한 미니멀한 형태에 실용적인 공간적 기능을 나타내는 것처럼 보인다. 그런데 건축물들을 배치하는 기법은 보자르 건축의 정확한 대칭과 비례를 따르고 있으며 건축물 외벽에는 아치형 창문을, 재료는 중세 건축처럼 투명한 유리보다 솔리드한 석재를 많이 사용했다. 링컨 센터의 외벽은 대부분 밝은 회색의 라임 스톤으로 마감하여 당시 유행하던 단순한 박스 형태에 유리로 마감한 모더니즘 건축의 빌딩과는 상반된다.

링컨 센터는 뉴욕의 대표적인 클래식 음악과 예술의 중심지로 거듭나게 되고 클래식 아티스트들의 꿈이 되었다. 이곳에서 연주하는 것은 음악가에게는 세계적으로 인정받는다는 의미가 된 것이다. 링컨 센터가 완성되고 약 30년이 지나자 리노베이션의 필요성이 대두되었다. 여러 번의 논의와 계획안에 대한 청사진을 검토한 끝에, 2006년 미국 건축가 그룹인 딜러 스코피디오+렌프로Diller

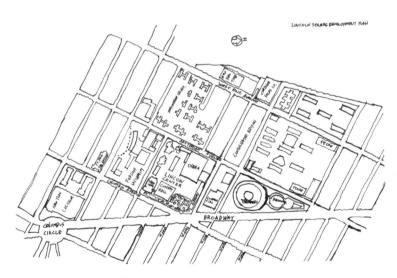

링컨 센터 마스터플랜 스케치

Scofidio+Renfro의 디자인으로 앨리스 털리 홀을 확장하고 콤플렉스 전면부 산책로의 접근성을 향상시켰으며 65번가에는 레스토랑과 옥상정원을 담은 곡선형 건물을 짓는다. 현대적인 리노베이션으로 장애인을 비롯한 사람들의 접근성을 더욱 중대시켰으며 줄리아드 스쿨이 브로드웨이와 완전히 면하는 디자인이었다. 딜러 스코피디오+렌프로는 기존 링컨 센터의 기억을 보존하면서 리노베이션을 진행했기에 그들이 새롭게 만든 65번가의 건축물도 그저 배경으로 존재한다.

링컨 센터의 역사를 보면 서울시의 초기 현대화 작업이 오버

브로드웨이와 면한 줄리아드 스쿨

링컨 센터의 도시 쉼터

랩된다. 서울시도 뉴욕의 도시계획가 로버트 모지스 같은 인물이 있다. 바로 김현옥 전 서울시장이다. 김현옥 전 시장도 불도저 시장으로 유명했다. 그는 현장을 직접 진두지휘하며 여의도 개발, 고가도로 및 터널 건설, 세운상가, 시민아파트 등을 건설하며 서울의 초기 현대화 작업에 큰 역할을 했다. 그러나 현대화 과정에서 로버트 모지스처럼 사회의 약자들을 배려하는 데는 소홀했다. 또한 서울이 본래 가지고 있던 자연을 많이 파괴한다. 청계천을 복개하여 고가도로를 만들었으며 한강의 밤섬을 폭파하기까지 한다. 그리고 끝내 와우 시민아파트의 부실시공과 비리로 아파트가 붕괴하면서 쓸쓸하게 퇴임한다. 뉴욕과 서울의 도시 현대화 작업을 보며 도시 개발의 이면에 대해 생각해보아야 한다. 기존에 있던 도시의 기억을 묵살하는 개발은 장고의 심사숙고가 필요하다는 것을.

시간의 광장 그리고 넓은 길

뉴욕 도시 문화와 엔터테인먼트의 중심, 타임스 스퀘어와 브로드웨이

뉴욕에는 여러 길이 있다. 세계 어느 도시를 가도 길이라는 것은 우리가 물리적으로 어디를 가야 할지 말해주는 방향성을 뜻하기도 한다. 같은 목적지에 가더라도 어떤 길을 선택하느냐에 따라 우리가 경험하는 공간은 완전히 달라질 수 있다. 예를 들어 삼성역 코엑스에 갈 때 테헤란로를 따라서 가느냐 봉은사로를 따라서 가느냐에 따라 공간적인 풍경이 다르게 펼쳐진다. 따라서 길은 우리의 삶과 깊이 연관되어 있다. 뉴욕의 길은 어떨까? 뉴욕의 길은 수직으로 길게 뻗은 대로인 애비뉴Avenue와 수평의 길인 스트리트Street로 나뉘어 있다. 또한 맨해튼을 사선으로 가로지르며 도시 체계에 강력한 변화를 주는 브로드웨이Broadway가 있다. 브로드웨이는 말

그대로 넓은 길이라는 뜻인데 이 길에는 숨겨진 역사적, 인문학적 의미가 있다.

일반적으로 브로드웨이를 떠올리면 미드타운 맨해튼의 타임스 스퀘어 주변 뮤지컬 극장들과 연관되어 보이지만 이는 극히 일부분이다. 브로드웨이는 로어 맨해튼에서 시작해 맨해튼 북쪽의 브롱크스Bronx, 웨스트체스터 카운티Westchester County까지 뻗어 있는 긴 도로다. 원래 브로드웨이는 유럽인들이 아메리카 대륙에 정착하기 전에 인디언Native들이 지나다니던 길로, 뉴욕의 도시 체계와는 달리 사선형으로 뻗은 것이 특징이다. 인디언들이 브로드웨이를 걸어다닐 때의 맨해튼은 어땠을까? 맨해튼의 도시 계획 당시 브로드웨이를 보존한 것은 어쩌면 최고의 한 수였을 것이다. 브로드웨이를 지워버리고 맨해튼 전부를 그리드 패턴으로 채웠다면 지금 뉴욕의 타임스 스퀘어, 플랫아이언 지역, 코리아타운 주변의 헤럴드 스퀘어 등은 아무런 특징이 없는 길이 되어버렸을지도 모른다. 이 지역들은 브로드웨이가 격자형 도시를 관통하면서 삼각형 형태의 긴장감 있는 대지를 만들어주는데, 이는 사람들이 모이는 광장Square으로 기능하기 때문이다.

뉴욕을 여행하는 사람은 브로드웨이를 따라서 걷는 것만으로도 뉴욕의 도시 풍경을 다양하게 감상할 수 있다. 애비뉴나 스트리트를 따라가면 90도 각도의 길만 보게 되지만, 사선으로 맨해튼 그리드 도시 체계와 맞물린 브로드웨이에서는 360도로 도시 풍경을 바라볼 수 있기 때문이다. 처음 뉴욕에 왔을 때 무작정 소호 쪽에서 시작된 브로드웨이를 따라 몇 시간을 걸으며 센트럴 파크 초입인 콜롬버스 서클까지 간 적이 있다. 하루 종일 걸어다니느라 힘들었지만 재미있는 기억이었다. 소호, 워싱턴 스퀘어 파크, 유니언 스퀘어 파크, 매디슨 스퀘어 파크, 코리아타운, 타임스 스퀘어 그리고 콜롬버스 서클까지 걸으면 뉴욕에서만 볼 수 있는 상점들과 타임스 스퀘어 주변의 화려한 네온사인으로 빛나는 브로드웨이 뮤지컬 극장들, 미드타운 맨해튼의 초고층 건물들을 만날 수 있다. 특히 맨해튼의 격자형 도시 체계와 삼각형으로 만나는 브로드웨이가 압권이다. 이러한 형태의 장소로는 타임스 스퀘어가 대표적이다.

타임스 스퀘어는 직사각형의 맨해튼 그리드와 사선형의 브로드웨이가 만나면서 두 개의 마주보는 삼각형 대지를 형성하는데 이는 좁은 지역에 여러 갈래 길을 만나게 하는 중심점이다. 타임스 스퀘어에 서서 스트리트를 바라보면 맨해튼의 도시가 파노라마처럼 펼쳐진다. 타임스 스퀘어가 번화할 수밖에 없는 이유다. 모든 길이 타임스 스퀘어에서 정점을 이룬다. 7th 애비뉴와 브로드웨이의 만남으로 역동적인 삼각형 형태의 대지가 만들어지고 타임스 스퀘어 건물은 강력한 랜드마크가 되었다. 이는 매디슨 스퀘어 파크 플랫아이언 빌딩의 삼각형 대지와 유사하다. 이렇게 브로드웨이는 도시계획적 측면에서 맨해튼에 역동성과 다양성을 만드는 중요한 요소로 기능한다. 이제 브로드웨이와 타임스 스퀘어에 대해

타임스 스퀘어와 브로드웨이

좀 더 알아보자.

먼저 브로드웨이는 앞서 설명했듯이 맨해튼 최남단 볼링 그린Bowling Green에서부터 브롱크스를 지나 웨스트체스터 카운티의 용커스Yonkers와 슬리피 할로Sleepy Hollow까지 뻗어 있는 대로다. 길이는 53km. 뉴욕에서 가장 오래된 길이며 극장 산업과 상업의 중심지다. 1600년대에 네덜란드인이 로어 맨해튼 지역을 점령했을 때 브로드웨이를 확장시켰고 중심 거리로 사용했다. 1642년 네덜란드 출신의 탐험가이자 기업가인 다비드 피터르츠 더프리스David Pietersz de Vries는 브로드웨이를 역사에 처음 등장시켰다. 그는 저널에서 이 길을 인디언들이 매일 지나다니는 길이라고 처음 소개했다. 네덜란드인은 브로드웨이를 처음에 신사의 길Heeren Straat이라고 불렀으며 이후 영국인이 점령하면서 브로드웨이로 명칭이 바뀐다. 요즘은 그냥 브로드웨이로 부르지만 1776년에 미국이 영국에서 독립했을 때는 브로드웨이 스트리트Broadway Street라고 불렀다.

초기 브로드웨이는 로어 맨해튼의 월 스트리트Wall Street까지만 포함했다. 1800년대 중반부터 맨해튼의 도시 밀도와 교통량 증가에 따라 브로드웨이도 확장된다. 이에 따라서 1899년에 브로드웨이는 로어 맨해튼부터 어퍼 맨해튼까지 뻗어 있는 대로를 형성하게 된다. 117번가까지 뻗어 있던 블루밍데일 로드Bloomingdale Road, 155번가까지의 불러바르The Boulevard, 그리고 맨해튼 최북단인 워싱턴 하이츠의 킹스브리지 로드Kingsbridge Road까지 통합하여 브로드웨이로 만든 것이다. 이때부터 브로드웨이의 전성기가 시작된다.

1800년대 후반 브로드웨이가 현대적인 모습을 갖추었을 때, 브로드웨

브로드웨이

이에 첫 극장이 탄생한다. 영화 산업가이자 담배 제조업자인 독일 태생의 오스카 해머스타인Oscar Hammerstein I, 1846~1919이 1895년에 올림피아Olympia 극장을 만든 것이다. 올림피아 극장은 당시 44번 가와 45번가 사이에 있었는데 현재 의류 매장인 포에버 21Forever 21 이 자리한 1514 브로드웨이 건물에 있었다. 안타깝게도 1935년에 철거되었지만 올림피아 극장은 브로드웨이와 타임스 스퀘어 지역 에 새로운 문화를 만드는 계기가 되었다. 올림피아 극장이 들어서 기 이전에 타임스 스퀘어 지역은 마차 산업의 중심지로 사용되었 고 영국 런던의 마차 생산지인 롱에이커Long Acre 지역의 이름을 따 서 롱에이커 스퀘어Longacre Square로 불렸다.

올림피아 극장이 등장한 후, 1904년에는 〈뉴욕 타임스New York Times〉가 42번가의 파브스트 호텔Pabst Hotel이 있던 곳에 원 타임스 스퀘어 빌딩One Times Square을 지어 이사를 왔다. 〈뉴욕 타임스〉가 이 지역으로 이사를 오면서 롱에이커 스퀘어는 타임스 스퀘어로 공식 명칭이 바뀌었다. 당시 〈뉴욕 타임스〉의 발행인 아돌프 옥스 Adolph Ochs, 1858~1935는 뉴욕 시장을 설득하여 이 지역에 지하철역을 만들도록 제안했고 이로 인해 롱에이커 지역은 타임스 스퀘어로 명명되었다. 현대 세계의 중심이라고 불리는 타임스 스퀘어라는 이름이 드디어 역사에 등장한 것이다. 그러나 〈뉴욕 타임스〉는 약 8년 후에 43번가의 빌딩으로 이사를 가게 되었고 2007년에는 포트 오소리티 버스터미널 맞은편에 건축가 렌조 피아노의 디자인으로

- 올림피아 극장(1895)
- 원 타임스 스퀘어 빌딩(1919)

완성된 초고층 타워로 옮겨간다.

한없이 화려할 것만 같던 타임스 스퀘어 지역은 1930년대 경제 대공황Great Depression으로 침체기를 맞는다. 극장들은 줄줄이 문을 닫고 도박과 매춘, 범죄 지역으로 변한다. 그럼에도 새해를 맞이하는 볼 드롭Ball Drop 행사는 계속했다. 이렇게 우범지역으로 변해버린 타임스 스퀘어가 상상이 되지 않는다. 화려해 보이는 타임스 스퀘어도 암울한 역사가 있었다. 이러한 분위기를 잘 나타내는 이야기가 있다. 우범지대가 되어버린 타임스 스퀘어 지역을 종교적으로 되살리고자 1987년에 설립한 타임스 스퀘어 교회Times Square Church의 설립자인 데이비드 윌커슨David Wilkerson 목사는 타임스 스퀘어 지역의 사람들이 "물리적으로 궁핍할 뿐만 아니라 영적으로도 죽어 있다"라고 묘사했다. 데이비드 윌커슨 목사의 말은 당시 타임스 스퀘어 지역이 얼마나 암담한 분위기였는지 단적으로 보여준다.

어두웠던 분위기의 타임스 스퀘어 지역은 1990년대가 되어서야 회복되기 시작한다. 1990년에 뉴욕주에서 9개의 역사적인 극장들을 매입하고 뉴욕시의 42번가 도시 재정비를 감독한 것이다. 이에 따라 당시 뉴욕 시장인 루돌프 줄리아니Rudolph Giuliani, 1944~는 타임스 스퀘어 지역을 우범지역에서 관광객 친화적인 장소로 탈바꿈시켰다. 성인 극장들과 마약 판매점들은 문을 닫게 되었고 디즈니와 AMC 영화관의 투자도 이끌어냈다. 또한 오피스 타워와 아파트,

호텔 개발을 적극적으로 유치하여 관광객을 모으기 위한 전략을 세운다. 우리가 아는 타임스 스퀘어가 이때 재정비된 것이다. 〈뉴욕 타임스〉가 있던 원 타임스 스퀘어 빌딩과 주변 건물들은 LED 조명과 광고판으로 뒤덮였고 해가 지지 않는 장소가 되었다. 보스턴으로 여행하기 위해 새벽에 메가버스를 타러 타임스 스퀘어를 지나간 적이 있는데 그때도 이곳은 불이 꺼지지 않고 광고판의 조명으로 번쩍였다.

브로드웨이와 타임스 스퀘어. 뉴욕의 화려한 문화를 상징하는 두 장소. 현대 시대를 살아가는 우리에게 두 장소는 어떠한 의미일까? 브로드웨이와 타임스 스퀘어 주변에서 흥행하는 뮤지컬과 연극, 영화 산업은 전 세계 최고를 자부한다. 관광객들은 뉴욕에 오면 이곳을 여행하고 뮤지컬이나 연극을 보고 가는 것이 필수 코스가 되었다.

〈뉴욕 타임스〉가 있었던 원 타임스 스퀘어 빌딩에서는 매년 12월 31일에 새해를 맞이하는 볼 드롭 이벤트가 펼쳐진다. 볼 드롭 이벤트는 〈뉴욕 타임스〉의 발행인 아돌프 옥스가 〈뉴욕 타임스〉의 새로운 본사 건물을 홍보하기 위해 1908년에 기획했다. 볼 드롭은 지금까지 계속 전해져 오는 타임스 스퀘어와 뉴욕의 대표적인 문화로 자리매김했다. 연말에 뉴욕을 여행하는 사람은 수십만 명이 밀집하는 이곳에 와서 몇 시간을 기다리며 함께 새해를 맞이하는 볼 드롭과 축하공연을 라이브로 본다.

또한 원 타임스 스퀘어 빌딩과 마주보고 있는 투 타임스 스퀘어 빌딩Two Times Square 의 코카콜라와 삼성 전광판, 주변의 다양한 상점과 팝업 스토어들, 거리 공연 등은 타임스 스퀘어가 뉴욕의 중심, 세계의 중심임을 실감 나게 한다. 브로드웨이와 타임스 스퀘어의 문화는 뉴욕 문화의 상징과도 같다. 전 세계인이 즐기는 뉴욕의 문화. 세계의 수도라고 불리는 뉴욕의 심장인 브로드웨이와 타임스 스퀘어.

타임스 스퀘어 거리의 화려한 네온사인

타임스 스퀘어의 문화

뉴요커들이 슬픔을 이기는 방법

테러의 비극, 그러나 새로운 기회를 만들다

2001년 9월 11일, 미국 뉴욕의 월드 트레이드 센터World Trade Center 가 알카에다 테러리스트들의 비행기 하이재킹Hijacking 테러로 무참 히 무너졌다. 나는 9·11 테러 당시에 초등학교 6학년이었는데 뉴 스에서 나오는 이야기들과 담임 선생님이 말해주시는 것들이 영화 스토리처럼 들린 기억이 있다. 선생님은 1교시 수업을 시작하면서 수업 내용보다 9·11 테러에 대해 먼저 이야기를 해주셨다. 그 당시 에는 별거 아닌 듯 들었지만 뉴욕에서 유학하며 월드 트레이드 센 터를 답사할 때 그 이야기가 떠올랐다. 9·11 테러로 미국에서 가장 높은 빌딩이었던 월드 트레이드 센터 쌍둥이 빌딩은 그라운드 제 로Ground Zero로 변해버렸다.

현재 그라운드 제로는 월드 트레이드 센터WTC로 재건되고 있다. 새로운 월드 트레이드 센터의 마스터플랜은 폴란드계 미국인 건축가 대니얼 리버스킨드Daniel Libeskind, 1946~가 디자인했으며 세부 건축물들은 1 WTC, 2 WTC, 3 WTC, 4 WTC, 7 WTC, 교통 허브, 메모리얼 파크 & 뮤지엄, 세인트 니콜라스 교회, 공연예술센터로 구성되어 있다. 건축가들의 이름만 보아도 미국과 뉴욕이 월드 트레이드 센터 재건에 얼마나 공을 들이는지 알 수 있다. 또한 이들은 다국적 건축가들이다. 9·11 테러가 발생한 지 20년이 넘었지만 아직도 월드 트레이드 센터 사이트 재건이 진행 중인데 그 규모와 건축물들의 디자인은 굉장하다. 9·11 테러 직전에 월드 트레이드 센터를 매입한 래리 실버슈타인Larry Silverstein, 1931~이 디벨로퍼로서 프로젝트를 주도했다.

뉴욕에서 살 때 건축 답사로 월드 트레이드 센터 사이트에 자주 갔는데 9·11 테러가 남긴 흔적과 새로운 건축물이 풍기는 무거운 분위기를 느낄 수 있었다. 가장 인상 깊은 것은 테러와 희생자들의 장소를 기념관화하여 완전히 비워둔 것이다. 1995년 서울 삼풍 백화점이 붕괴되는 참상이 일어난 장소는 아파트가 된 것과 대조적이다. 삼풍 백화점의 땅도 그라운드 제로처럼 비워 희생자를 추모하고 기억하는 장소가 되었다면 어땠을까?

뉴욕의 상징이었던 월드 트레이드 센터가 무너진 이듬해, 뉴욕은 그라운드 제로 사이트의 마스터플랜을 위해 건축 공모전을

9·11 테러로 무너진 과거 월드 트레이드 센터 쌍둥이 빌딩

연다. 공모전 결과, THINK Team과 대니얼 리버스킨드 최종 2팀이
선정되어 발전된 계획안으로 2차 공모전을 진행하게 되었다. 전체
적으로 그라운드 제로 공모전의 작품들은 두 가지 방법론으로 구
성되어 있다. THINK Team과 노먼 포스터는 기존 쌍둥이 빌딩의
기억을 재해석하여 건물이 있던 자리에 타워를 짓는 형태였으며

아이젠만, 과스메이, 마이어, 홀과 대니얼 리버스킨드는 기존 쌍둥이 빌딩이 있던 자리를 비우고 주변에 타워들을 짓는 계획이었다. 그라운드 제로에 대한 두 가지 상반된 해석과 디자인이 흥미롭다.

2차 심사에서 최종적으로 건축가 라파엘 비뇰리Rafael Viñoly, 1944~가 주도한 THINK Team이 당선되지만 3주 후에 당시 뉴욕주 주지사인 조지 파타키George Pataki가 결과를 번복해 상업적으로 더 가능성이 좋아 보이는 대니얼 리버스킨드의 계획안으로 결정된다. 대니얼 리버스킨드의 마스터플랜은 그라운드 제로를 재건하는 것을 넘어서서 미국의 재부흥을 꿈꾸며 상징적인 아이디어와 숫자 등을 디자인과 결합한 것이 특징이다. 먼저, 미국이 영국에서 독립한 1776년을 기념하여 중심 타워인 1 WTC의 높이를 1776피트 (541미터)로 디자인했으며 전체적인 형태도 자유의 여신상이 횃불을 들고 있는 듯한 모습을 추상화하여 표현했다.

대니얼 리버스킨드의 프로젝트들 중 큰 부분을 차지하는 타입이 기념관이나 뮤지엄인데 그는 이러한 상징적인 모티브에서 건축적인 아이디어를 도출해내고 사이트, 사람의 인문적인 요소들을 결합하여 스토리텔링을 창조해낸다. 이러한 그의 건축적 방법론의 절정이 베를린에 있는 유대인 박물관Jewish Museum Berlin, 2001이다. 대니얼 리버스킨드는 1989년에 개최된 베를린 유대인 박물관 국제 건축 공모전에서 여러 개의 축선을 겹쳐 사람들의 동선을 만든 후, 뱀처럼 꼬이고 접힌 기다란 선형의 매스를 제안했고 1등으로 당선

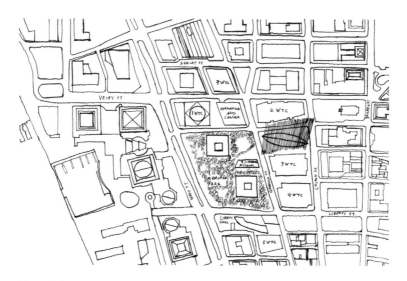

월드 트레이드 센터 마스터플랜 스케치

되었다. 이러한 그의 계획안은 유대인들이 나치에게 학살당하고 고통당한 감옥에서 방향성을 잃고 공간에 대해 무감각해지는 것을 표현해냈다. 대니얼 리버스킨드의 계획안과 건축적 방법론은 해체주의 건축Deconstructivism으로 국제적인 극찬을 받으며 일약 건축계의 스타덤에 오르게 되고 베를린 유대인 박물관도 1998년에 완성한다.

대니얼 리버스킨드의 마스터플랜은 기존 쌍둥이 빌딩이 있던 장소를 비우고 5개의 타워로 둘러싸는 계획안으로 아이젠만, 과스메이, 마이어, 홀의 제안과 유사하다. 그의 마스터플랜을 기반으로

원 월드 트레이드 센터

실무 설계를 담당한 건축가들은 마스터플랜을 존중하며 디자인을
했다. 1 WTC은 대니얼 리버스킨드와 미국 대형 사무소인 SOM이
함께 디자인했으며, SOM의 건축가 데이비드 차일즈David Childs가
주도적으로 1 WTC의 설계를 총괄했다. 설계가 진행되면서 대니얼
리버스킨드가 초기 마스터플랜에서 의도한 자유의 여신상 같은 형
태는 많이 희석되었지만 장변의 삼각형을 접은 듯한 건축적 형태
와 우뚝 솟은 첨탑은 마스터플랜의 형태와 유사하게 만들어지기는
했다.

　　기존 쌍둥이 빌딩이 있던 자리는 건축가 마이클 아라드Michael

Arad, 1969~가 빌딩의 기초가 있던 자리에 폭포수를 제안하여 희생자와 유적의 마르지 않는 눈물을 형상화하면서 약 5,000개 팀과의 경쟁에서 1등으로 당선되었다. 그는 노르웨이 출신의 건축가 그룹인 스노헤타Snohetta와 함께 9·11 메모리얼 뮤지엄을 완성했고 뮤지엄 외벽에는 기존 쌍둥이 빌딩의 외벽 구조물이 일부 보존되어 테러 당시의 참상을 떠올리게 한다. 9·11 메모리얼 뮤지엄을 여러 번 답사하며 내부 전시관도 가보았는데 9·11 테러 당시의 참사가 담긴 역사적인 기록과 희생자, 유족들의 음성 등이 9·11 테러의 비극을 상기시킨다. 또한 9월 11일에 방문했을 때는 메모리얼 파크가 유가족에게만 개방되어 특정 시간 이후에만 일반인이 출입할 수 있

9·11 메모리얼 뮤지엄

었는데 그날의 비극이 영화가 아닌 현실로 다가왔다.

오큘러스Oculus로 불리는 WTC 교통 허브는 스페인 출신의 건축가 산티아고 칼라트라바Santiago Calatrava, 1951~가 디자인했고 새의 뼈다귀와 유사한 독특한 건축적 형태가 인상적이다. 오큘러스는 요즘 로어 맨해튼의 랜드마크다. 외관도 독특하지만 내부에 들어가면 마치 고요한 분위기의 대성당처럼 텅 빈 원형의 대형 광장이 펼쳐진다. 산티아고 칼라트라바가 이 지하공간에서 9·11 테러를 한 번 더 묵상해보라고 말하는 듯하다.

산티아고 칼라트라바는 오큘러스와 함께 인근에 있던 세인트 니콜라스 교회도 설계했다. 이 교회는 9·11 테러로 무너진 건물을

오큘러스의 지하공간

재건하고 있다. 산티아고 칼라트라바는 전통적이고 보수적인 그리스 정교회의 예배당을 단순하면서 대칭적인 형태로 디자인하고 저녁 시간에는 내부에서 빛을 외부로 발하는 재료적 디자인을 제안했다. 또한 지붕의 돔은

3 WTC의 로비에 노출된 엘리베이터 구조

예수 그리스도가 십자가를 질 때 쓴 면류관을 형상화한 듯 보이기도 한다. 일반적으로 자연적인 형태에서 영감을 받은 그의 디자인과는 조금 달라서 흥미롭다.

그라운드 제로 사이트는 9·11 테러 이후 약 20년이 지나고서야 거의 재건이 완료되고 있다. 1, 3, 4, 7 WTC 타워, 교통 허브와 쇼핑몰인 오큘러스, 메모리얼 파크 & 뮤지엄은 완성되었고 공연예술센터, 세인트 니콜라스 교회가 시공 중이며 2 WTC는 노먼 포스터Norman Foster, 1935~ 가 다시 건축설계를 진행 중이다. 2 WTC는 원래 노먼 포스터가 디자인했지만 잠정적인 세입자들이 그의 사선형 디자인을 선호하지 않아 비야르케 잉엘스Bjarke Ingels, 1974~ 에게 건축설계를 제안했다. 그러나 몇 년 후 노먼 포스터가 다시 디자인을 맡으면서 현재 진행 중이다. 2 WTC가 완성되면 로어 맨해튼의 스카이라인이 재정비될 것으로 보이며 대니얼 리버스킨드의 마스터

플랜이 완성될 것이다. 그라운드 제로는 9·11 테러로 무참히 파괴되었지만 월드 트레이드 센터 재건으로 뉴욕의 새로운 랜드마크로 자리매김하고 있다. 희생자 유족들의 슬픔과 테러에 대한 공간의 기억들이 새로운 문화와 상업의 중심지로 거듭나는 것이다.

그라운드 제로의 재개발은 뉴요커가 슬픔을 어떻게 이겨내는지 보여준다. 이들은 참상이 일어난 장소를 비워놓고 도시를 재건하여 새로운 장소로 만들고 있다. 또한 1972년에 완성된 월드 트레이드 센터 쌍둥이 빌딩은 건축가 야마사키 미노루Minoru Yamasaki, 1912~1986가 모두 설계했지만 재건되는 월드 트레이드 센터 건축물의 디자인을 맡은 건축가들은 7개국에서 온 사람들이다. 하나로 통일되고 정돈된 디자인이 필요할 수도 있지만 재건된 월드 트레이드 센터의 건축은 모두 다르다. 뉴욕과 미국의 상징을 만드는 프로젝트에 미국 대형 사무소 하나를 선정하여 빠르고 효율적으로 디자인하고 지을 수도 있었지만 그렇게 하지 않은 이유는 무엇일까? 또한 20년 전에 공모전에서 당선된 대니얼 리버스킨드의 마스터플랜을 계속 존중하고 있다. 모두가 화합하여 슬픔의 현장을 기억하며 새로운 미래로 나아가는 방법. 이것이 뉴욕이 지닌 진정한 힘이 아닐까?

* 9·11 메모리얼 뮤지엄 내부의 기초 및 흙막이벽
** WTC 메모리얼 파크의 야경

뉴요커들의 신도시

사상 최대 자본이 투입된 허드슨 야드 프로젝트

뉴욕에서 신도시는 어떻게 개발될까? 뉴요커들의 신도시로 불리는 허드슨 야드Hudson Yards 개발은 단일 프로젝트로는 미국 역사상 최대 자본이 투입되었다. 전 세계적으로도 이 정도 규모의 자본이 투자된 프로젝트는 거의 없을 것이다. 실현되지 못한 서울 용산국제업무지구 정도가 비슷한 규모일 것이다. 한국 돈으로 약 40조 원이 투입된 허드슨 야드 프로젝트는 허드슨 야드 지역의 지하철 차고 지상부를 대규모 오피스, 쇼핑몰, 주거시설, 문화시설, 호텔, 공원 등으로 개발하는 사업이며 사이트 면적 약 3만 4,000평, 총 연면적 약 168만m², 13개 건축물로 구성되어 있다. 1단계인 동쪽 개발이 약 110만m², 서쪽 개발이 58만m²다. 초대형 프로젝트다. 내가 라파엘 비뇰리 사무소에 근무할 때 수행한 캘리포니아주 쿠퍼티노의 더 라이즈The Rise, 2026 프로젝트의 연면적이 약 100만m²인데 허드슨 야드 프로젝트는 1.5배 가까이 되는 셈이다. 허드슨 야드 프로젝트로 미드타운 맨해튼과 퀸즈를 가로지를 7번 트레인의 종점역인 34번가-허드슨 야드 역이 신설되기도 했다.

2019년에 1단계 개발이 마무리되었는데 원래 2024년에 완성할 계획이던 2단계 개발은 코로나 팬데믹으로 프로젝트가 연기되는 상황이다. 뉴욕의 대형 건축사무소인 콘 페더슨 폭스Kohn Pedersen Fox, KPF가 마스터플랜을 디자인했고 세부 건축물들은 KPF와 함께 딜러 스코피디오+렌프로, SOM, 토머스 헤더윅, 노먼 포스터 등이 디자인했다. 최대 자본이 투입된 개발답게 세계적인 건축가들을 고용했다. 허드슨 야드 프로젝트의 또 다른 특징은 하이 라인 공원의 북쪽 부분과 직접 연결된다는 점이다. 하이 라인 공원은 뉴욕의 새로운 문화적 랜드마크로 자리매김했는데 허드슨 야드 프로젝트와 연계되어 뉴요커들에게 더욱 가까이 자리잡게 될 것이다. 허드슨 야드와 하이 라인 공원이 연결된 부분에는 딜러 스코피디오+렌프로가 디자인한 더 쉐드The Shed, 토머스 헤더윅이 디자인한 베슬Vessel 이 있어서 문화적인 잠재력도 상당하다.

이렇게 화려하게 개발되는 허드슨 야드는 어떤 지역일까? 허드슨 야드 지역은 2010년대에 개발되기 이전까지 롱아일랜드 기차Long Island Rail Road 의 차고지로 사용되었다. 1950년대에는 부동

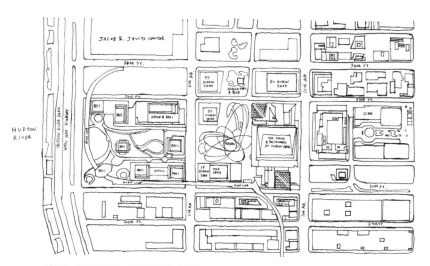

허드슨 야드 프로젝트 마스터플랜 스케치

산 개발업자인 윌리엄 제켄도르프William Zeckendorf, 1905~1976가 530m
에 달하는 초고층 타워 개발 계획을 세웠고, 1980년대에는 뉴욕
양키스를 위한 새로운 경기장을 계획하기도 했으며, 2000년대에
는 2012년 뉴욕 올림픽 유치에 따라 올림픽 경기장으로 개발하
려고 했지만 런던이 올림픽 유치권을 따내면서 무산되었다. 이후
2006년에 뉴욕의 교통을 책임지는 MTA와 뉴욕시는 허드슨 야드
개발을 위해 5개 디벨로퍼 회사를 대상으로 입찰을 진행한다. 각
각의 디벨로퍼 회사들은 서로 다른 전략으로 건축가들과 협업하
여 계획안을 제출했고 2008년에 티시먼 슈파이어Tishman Speyer가

낙점되었다. 그러나 티시먼 슈파이어의 투자사인 모건 스탠리가 2000년대 후반 금융위기에 휘말리면서 입찰을 포기한다. 2009년에 뉴욕시는 릴레이티드 컴퍼니Related Companies를 최종 디벨로퍼로 선정한다.

릴레이티드 컴퍼니는 입찰 때 계획안에서부터 KPF와 협업했고 자연스럽게 KPF는 허드슨 야드의 마스터플랜을 담당하게 되었다. KPF가 디자인한 허드슨 야드의 마스터플랜을 보면 고층 빌딩인 타워들을 중심으로 굉장히 높은 밀도의 건축물들로 구성되어 있고 저층부는 쇼핑몰과 문화시설, 광장이 배치되어 있다. 2단계 마스터플랜에서는 허드슨 강변까지 고층 빌딩들이 확장되어 거대한 빌딩숲을 이루게 될 것이다. 2010년대 중반 이후에 뉴욕에는 좁은 땅에 극단적으로 높게 지은 슈퍼 슬렌더 타워들이 세워지는데 허드슨 야드의 타워들은 넓은 바닥 면적의 매스로 이루어져 대비된다.

KPF의 마스터플랜을 바탕으로 완성된 허드슨 야드에 가보면 정말 거대하다는 느낌이 제일 먼저 든다. 1930년대에 완성된 87만m²의 록펠러 센터보다 두 배 정도 규모다. 세부적인 건축물은 10, 15, 30, 50, 55 허드슨 야드 타워들과 리테일 파빌리온, 전망대인 베슬로 구성되어 있다. 쇼핑몰은 30 허드슨 야드 빌딩의 저층부에 있으며 문화시설인 더 쉐드는 15 허드슨 야드 빌딩의 저층부에 배치되어 있다. 342m로 가장 높은 랜드마크 타워인 30 허드슨 야드는 10 허드슨 야드와 쌍둥이 빌딩인데 삼각형 모양의 지붕이 인상적이다. 30 허드슨 야드 빌딩은 맨해튼 서쪽에서 가장 높은 건물이다. 타워의 상부에 설치한 더 엣지The Edge 전망대는 관광객들을 아찔하게 만든다. 삼각형으로 돌출된 외부 전망대의 바닥 일부가 유리로 마감되어 사람들이 300m 공중에 떠 있는 듯한 짜릿함을 느끼게 한다. 2017년에 뉴욕에 유학 갔을 때 하이 라인 공원을 걸으며 완공을 눈앞에 둔 10 허드슨 야드 빌딩을 멀리서 바라보며 '저기는 무슨 지역이기에 개발이 한창일까'라고 궁금해하던 기억이 떠오른다.

나는 허드슨 야드의 건축물 중에서 고층 빌딩들보다 저층부의 공공공간과 문화시설, 쇼핑몰에 더 관심이 갔다. 이러한 공간들은 사람들이 길을 오가며 적극적으로 사용하고 새로운 문화를 만들 가능성이 있기 때문이다. 서울로 치면 인사동의 쌈지길이나 익선동의 한옥마을 같은 장소. 34번가 허드슨 야드 역에서 내려 지상으로 올라오면 허드슨 야드의 타워들과 함께 광장이 한눈에 펼쳐진다. 허드슨 야드의 광장은 마치 작은 공원 같다. 하이 라인 공원을 확장해놓은 듯하기도 하다. 하이 라인 공원이 허드슨 야드의 광장으로 바로 연결되기 때문이다.

허드슨 야드의 광장에는 특이한 건축물이 하나 있다. 허드슨 야드의 랜드마크로 불리는 베슬. 이 건축물은 전망대인데 굉장히 독특하다. 건축과 예술 사이를 넘나드는 모습이다. 건축가 토머스 헤더윅이 뉴욕에 두 번째로 완성한 작품이다. 참고로 첫 번째는 나중에 언급할 롱샴 스토어 소호다. 베슬은 오픈한 이후에 허드슨 야드뿐만 아니라 뉴욕의 새로운 랜드마크가 되었으며 육각형을 기본으로 하는 벌집을 닮은 외관 디자인과 2,500개의 계단으로 구성되어 있다. 규모는 작지만 공사비만 2,200억 원이 투입된 허드슨 야드의 중심이 되는 공간이다.

토머스 헤더윅은 베슬 프로젝트를 통해 3차원으로 걷는 뉴욕의 공간을 만들고 싶어 한 것이 아닐까? 일반적으로 우리가 걷는 길은 2차원의 길로 한 방향으로만 걷게 된다. 베슬은 수평과 수직으로 계속해서 공간과 시선이 바뀐다. 3차원적 공간인 것이다. 베슬에 올라가면 어느 길과 계단을 선택하느냐에 따라서 주변의 뷰가 바뀐다. 어떤 곳에서는 허드슨 강변이 보이지만 다른 곳에서는 북쪽의 맨해튼이 보이기도 한다. 시선의 높이가 오르락내리락하며 360도의 뷰를 즐길 수 있는 재미있는 공간이다. 마치 초현실주의 화가 M. C. 에셔Maurits Cornelis Escher, 1898~1972의 작품 〈상대성 Relativity, 1953〉을 실제로 만들어놓은 듯하다.

베슬의 남쪽에는 딜러 스코피디오+렌프로가 디자인한 더 쉐드라는 공연예술 및 전시장이 있다. 더 쉐드는 하이 라인 공원과 연결되는 초입부에 있으며 15 허드슨 야드 빌딩의 저층부에 있다. 영어로 '쉐드Shed'는 헛간이라는 뜻인데 허드슨 야드의 문화적인 헛간으로 사용되고 있다. 더 쉐드는 건축물에 커다란 바퀴가 달려

허드슨 야드의 베슬

허드슨 야드의 빌딩들

있어서 앞뒤로 움직이며 공간을 확장, 수축할 수 있는 키네틱^{Kinetic}
건축물이다. 공간이 확장되면 공연장으로 사용되며 축소하면 실내
전시장으로 사용되는 유동적이고 유연한 건축물이다. 이는 공간의
잠재력을 사용하려는 목적과 특성에 따라 바꿀 수 있어서 다양하
게 공간 운영이 가능하다.

하이 라인 공원과 연결된 허드슨 야드와 더 쉐드　　더 쉐드의 바퀴

　　딜러 스코피디오+렌프로는 이러한 키네틱 건축물을 과거에도 시도한 경험이 있다. 그들이 2009년에 디자인한 더 버블The Bubble 프로젝트는 비록 실현되지는 않았지만 새로운 개념의 키네틱 건축이다. 더 버블은 워싱턴 D. C.에 있는 허시혼 뮤지엄Hirshhorn Museum의 조각정원을 리노베이션하는 프로젝트였는데 딜러 스코피디오+렌프로는 공기막 구조로 구성된 풍선껌 같은 얇은 구조체를 제안했다. 이 공간은 카페도 될 수 있고 공연장이나 전시장으로도 사용할 수 있다.

　　2019년에 뉴욕 어퍼 이스트 사이드의 92nd 10Y에서 주최한 '내일의 도시City of Tomorrow'라는 주제의 토론 및 강연에 참석했는데, 그곳에서는 메인 패널로 SOM의 파트너 건축가인 크리스 쿠퍼Chris Cooper, 비야르케 잉엘스 그룹Bjarke Ingels Group의 뉴욕 오피스 파트너인 대니얼 선들린Daniel Sundlin, 건축가 라파엘 비뇰리Rafael Viñoly,

독일계 미국인 건축가 안나벨 셸도르프Annabelle Selldorf를 초대했다. 그들은 뉴욕의 건축과 도시에 대해 실무적이면서도 실험적인 아이디어를 놓고 토론했는데 그중에서 허드슨 야드 프로젝트 이야기가 흥미로웠다. 라파엘 비뇰리는 허드슨 야드 프로젝트의 가장 큰 문제점은 맨해튼의 길과 연계되지 않은 것이라고 평가했다. 그는 맨해튼이 원래 가지고 있던 격자형의 도시 체계가 허드슨 야드 프로젝트에서 보이지 않는 점을 지적한 것이다. 마치 도시의 섬 같은 장소. 이러한 관점에서 허드슨 야드 프로젝트는 한국의 대규모 아파트 단지와 비슷하다.

한국의 아파트 단지와 허드슨 야드 프로젝트는 도시가 기존에 가지고 있던 장소의 특성이나 대지의 성격을 고려하지 않고 마스터플랜을 기반으로 완전히 새로운 도시를 만든다는 점에서 매우 흡사하다. 이들은 겉모습은 굉장하지만 막상 도시의 섬이 되어 홀로 고립을 자처한다. 이러한 측면에서 라파엘 비뇰리와 다른 패널들은 허드슨 야드 프로젝트를 평가절하한 것이다.

뉴욕에는 새로운 건축을 지을 필지가 부족해서 허드슨 야드나 한국의 아파트 단지처럼 대규모로 개발하는 곳을 찾아보기가 힘들다. 따라서 필지를 나누거나 필지 한두 개를 합쳐 개발하는 것이 일반적이며 허드슨 야드 프로젝트 같은 타입은 100년에 하나 나올 정도다. 허드슨 야드 프로젝트가 하이 라인 공원과 직접 연결한 것처럼 다른 길이나 기존 도시의 콘텍스트와의 연계성을 좀 더 고려했다면 지금보다 더 뉴욕다운 모습으로 개발되었을 거라는 아쉬움이 남는다. 그러나 허드슨 야드 프로젝트의 거대한 규모와 문화적, 상업적 가능성을 고려해보면 미래에 이 장소와 건축물들이 만드는 도시적 파워가 어떻게 작용할지 지켜봐야 할 것이다.

PRIMARY BEDRoom

FOYER

ELEV.

ELEV.

ELEV.

GALL

GREAT RoOM

TERRACE

KITCHEN

LOWER LEVEL

3장

공간을 판매합니다

뉴욕의 패션과 쇼핑, 그리고 아파트

뉴요커들은 어디서 쇼핑을 할까?

고풍스러운 소호의 쇼핑거리, 그리고 젠트리피케이션

뉴요커는 어디에서 쇼핑을 할까? 뉴욕에는 다양한 쇼핑 메카가 있다. 대표적으로 5th 애비뉴, 32번가 코리아타운에 있는 메이시스 백화점, 첼시 지역, 로어 맨해튼의 소호SoHo 등이 있다. 한국에서는 백화점이 대표적인 쇼핑 장소이지만 뉴욕은 쇼핑거리가 활성화되어 있다. 그중에서도 젊은 뉴요커들을 사로잡은 대표적인 거리는 소호인데, 사우스 오브 하우스턴 스트리트South of Houston Street, SoHo의 이니셜로 만든 말이다. 소호 거리는 쇼핑뿐만 아니라 맛집, 카페, 엔터테인먼트가 결합된 뉴요커만의 복합 문화거리이며, 뉴욕에서 옛날 도시의 분위기와 골목길을 느껴볼 수 있는 곳이기도 하다. 그래서 주말에는 사람들이 인산인해를 이룬다.

소호의 이름은 영국 런던 서쪽에 있는 소호의 이름을 벤치마킹한 것이다. 하우스턴 스트리트의 북쪽은 노호 North of Houston Street, NoHo 로 불린다. 하우스턴 스트리트는 로어 맨해튼의 서쪽과 동쪽 프랭클린 루스벨트 드라이브 Franklin D. Roosevelt Drive, FDR 를 잇는 중요한 대로로, 로어 맨해튼 교통의 중심지다. 나도 뉴욕에서 맛집을 가거나 쇼핑할 때 소호 지역으로 자주 나갔다. 이곳에서 먹는 일식이나 이탈리안 파스타, 미국식 브런치 등은 일품이다.

소호 지역의 남쪽에는 로어 맨해튼에서 렌트비가 가장 비싼 트라이베카 Tribeca 지역이, 서북쪽으로는 또 다른 쇼핑거리인 웨스트 빌리지 West Village 가, 북쪽으로는 뉴욕 대학교 NYU 와 워싱턴 스퀘어 파크 Washington Square Park 가 있는 그리니치 빌리지 Greenwich Village 와 노호 NoHo 지역이, 동쪽에는 리틀 이탈리아 Little Italy 지역이 있어서 로어 맨해튼 상권의 중심지 역할을 한다.

소호 지역 대부분은 소호 철강 주조 역사 지구 SoHo-Cast Iron Historic District 로 지정되어 특유의 건축물과 도시 조직의 특징을 잘 보여준다. 1600년대 아메리카 대륙이 유럽의 식민지였던 시절에는 개발되지 않다가 1800년대 중반부터 소호 지역이 본격적으로 개발되었다. 남쪽 로어 맨해튼 중심의 도시가 북쪽으로 확장되기 시작한 것이다. 소호 지역은 그리스 부흥 건축 Greek Revival 스타일의 하우스들이 벽돌과 철강으로 마감한 건물로 바뀌었고, 특히 브로드웨이에는 중심 상업시설과 호텔, 극장이 들어섰다. 당시의 소

고풍스러운 분위기의 소호 거리

소호 주철 빌딩의 상징이자 세계 최초의 승객용 엘리베이터가 설치된 E. V. 허그와트 빌딩

호 지역은 아직 미드타운 맨해튼이 개발되기 전이기 때문에 뉴욕의 상업과 엔터테인먼트의 중심지 역할을 했다. 아마도 지금의 타임스 스퀘어 주변처럼 번화한 분위기였을 것이다.

초기 소호의 건축물들은 10층 이하의 저층으로 구성되어 있다. 이는 지금도 마찬가지다. 소호 지역 전체가 뉴욕의 역사적인 랜드마크Historic Landmark로 지정되어 무분별한 철거나 개발이 허용되지 않기 때문에 서울의 북촌 한옥마을처럼 옛날의 고풍스러운 분위기가 잘 보존되고 있다. 그래서 이탈리아의 로마처럼 외관은 보존하고 내부 인테리어만 현대 시대의 공간적 기능에 적합하게 리노베이션하여 사용하는 것이 대부분이다. 이러한 건축과 도시적인 제약이 소호의 고풍스러운 분위기를 나타내면서 현대 시대와 조화롭게 공존하고 있다. 이런 곳에서 쇼핑과 데이트를 즐기는 뉴요커들이 새삼 부럽기도 하다.

소호 지역에 상업시설이 들어서자 이곳은 더 이상 조용한 주거지로 기능할 수 없게 되었고 기존에 살고 있던 중산층 사람들이 다른 지역으로 이주하는 계기가 되었다. 이러한 현상은 미국 남북전쟁American Civil War, 1861~1865이 발발하여 철강산업과 공장들이 소호에 입지하면서 가속화되었다. 이는 젠트리피케이션Gentrification으로 불린다. 젠트리피케이션은 도심 인근의 낙후한 지역이 급속한 경제 부흥으로 임대료가 상승하고 경제 논리에 따른 개발로 지역 주민이 다른 곳으로 밀려나는 현상을 말한다. 2000년대 이후 한국에서도 이러한 현상이 발생하고 있다. 대표적인 지역으로 성수동, 신사동 등이 있다. 예술가나 공장 노동자들이 임대료 상승을 견디지 못하고 다른 지역으로 이주한 것이다.

소호는 젠트리피케이션의 원조라고 할 수 있다. 두 번의 젠트리피케이션이 발생한 지역이기 때문이다. 미국 남북전쟁 즈음인 1800년대 중반에 소호의 개발이 본격화되어 티파니 앤 코Tiffany & Co 같은 패션 브랜드, 세인트 니컬러스 호텔St. Nicholas Hotel, 메트로폴리탄 호텔Metropolitan Hotel 등이 소호에 오픈한다. 당시 소호의 건축물들은 그리스 부흥 건축 스타일의 건축물들이 주를 이루었지만

과거 소호 거리의 분위기를 나타내는 주철 빌딩들

상업시설이 유입됨으로써 벽돌과 철강으로 지은 건물로 대체되었다. 그러나 이러한 경제적인 부흥은 소호의 첫 번째 젠트리피케이션을 불러왔다.

첫 번째 젠트리피케이션으로 소호 지역 인구의 약 25%가 다른 지역으로 이주하게 되었다. 미국 남북전쟁 이후 소호 지역에 철강 공장과 섬유 공장 등이 들어오지만 맨해튼이 북쪽으로 계속해서 확장되자 소호 지역은 쇠퇴한다. 이러한 분위기에서 제2차 세계대전으로 소호 지역은 주차장과 주유소로 변하고 소호는 지옥의 100 에이커 Hell's Hundred Acres 라고 불릴 정도로 쇠락해갔다. 이후 1950년대까지 이렇게 어두운 분위기가 지속되다가 1960년대부터 아티스트들이 과거 공장 건물들의 높은 층고와 큰 공간에 관심을 갖고 입지하면서 소호 지역에 새로운 부흥의 기회가 찾아왔다.

아티스트들이 임대료가 저렴한 맨해튼 로프트 Manhattan Loft 라고 불리는 소호 지역 건물들의 옥상이나 넓은 공간에 들어오면서 이곳은 예술적인 분위기로 변모한다. 20세기 미니멀리즘 Minimalism 아트의 거장인 도널드 저드 Donald Judd, 1928~1994 의 작업실도 소호에 있었다. 그러나 뉴욕시는 예술가들이 불법적으로 증축하는 구조물에 규제를 가하면서 소호 예술인 연합과 충돌하게 되었고, 결국 규제를 중단한다. 오히려 뉴욕시는 이후 1971년에 소호 지역의 조닝 규제를 개정하고 아티스트들과의 공존을 인정한다. 이렇게 뉴욕시와 시민들이 민주적으로 협의하여 서로 좋은 결과를 도출해내는 과정이 인상적이다.

이러한 움직임으로 소호 지역의 건축적, 도시적, 문화적, 역사적 가치가 재조명되어 1973년에는 소호 철강 주조 역사 지구로 지정되는 계기가 되었다. 그러나 전성기처럼 보이는 소호 지역은 또다시 위기를 맞는다. 2005년 소호 지역의 비어 있는 대지에 주거 빌딩 건축이 허가되자 이곳의 아티스트들은 올라가는 임대료를 감당할 수 없게 된다. 이는 아티스트들이 소호 지역에서 다른 곳으로 이주하는 결정적인 이유가 되었고 대부분의 아티스트들은 미트패킹 지역현재 첼시 지역으로 옮겨 간다. 소호 지역이 두 번째 젠트리피케이션을 맞게 된 것이다. 이는 소호 효과SoHo Effect라고도 불리며 현대 도시의 대표적인 현상으로 자리잡는다. 이후에 소호는 상업적인 기능이 더욱 발달하여 수많은 상점, 레스토랑, 카페, 백화점 등이 입지함으로써 로어 맨해튼 지역의 중심 상업지구로 발전했고 미드타운 맨해튼에 입지한 상점들과는 다른 분위기로 관광객을 유혹한다.

소호 지역은 상대적으로 좁은 길과 골목 등으로 도시 조직이 구성되어 사람들이 걸어다니면서 쇼핑할 수 있는 분위기인 반면, 미드타운 맨해튼은 넓은 대로변에 있는 백화점 등을 중심으로 상업이 발달한다. 서울의 상권 지역과 비교하면 소호 지역은 명동, 신사동 가로수길, 홍대 지역과 비슷하고, 미드타운 맨해튼은 삼성역 코엑스나 잠실역 롯데타워몰과 비슷한 느낌이다.

소호 지역은 세계에서 강철이나 주철로 만든 건축물이 가장 밀집한 곳이기도 하다. 주철은 주로 건축물의 파사드나 발코니 난간, 계단, 울타리 등으로 사용된다. 주철은 압축력Compression은 강하지만 인장력Tension은 약하기 때문이다. 주철은 산업혁명 당시에 값싸고 빠르게 제조할 수 있다는 장점 때문에 널리 사용되지만 구조적인 한계 때문에 현대 시대의 철골이나 콘크리트로 대체되고 건축물의 장식이나 비구조 요소에서 사용된다.

소호 지역에서도 주철은 구조적인 한계 때문에 전면부 계단이나 파사드 등에만 사용되었다. 소호 지역에서 주철로 구성된 파사드의 건축물은 이곳을 대표하는 특징이 된다. 소호 지역을 걷다 만나는 철로 구성된 건물의 전면부는 모두 주철로 이루어졌다고 보면 된다. 또한 건축물 전면부에 설치된 철제 계단도 볼 수 있다. 소호의 옛날 건축물들은 대부분 이러한 철제 계단이 있는데 이는 화재 시를 대비한 피난 계단이다. 뉴욕의 옛 건물들은 내부에 계단

주철 파사드

주철 피난 계단

이 하나만 있어 피난 계단이 없기 때문에 불이 났을 때 피난하기 매우 어렵다. 그래서 외부에 철제 계단을 설치하여 창문 밖으로 나갈 수 있도록 했다.

뉴욕에 처음 갔을 때 브루클린에 있는 브라운스톤Brownstone 건물에서 살았는데 소호에 있는 철제 계단이 창문 밖에 설치되어 있어서 인상적이었다. 이 계단들은 잘 사용하지 않아 대부분 녹슬었지만 소호 지역 특유의 분위기와 특징을 나타내준다.

이제 건축물을 자세히 들여다보자. 소호 지역 건축물은 대부분 고전적인 형태와 비례, 장식 등이 특징이다. 유럽의 저층형 고전 건축물보다는 높지만 그렇다고 현대적인 단순한 건물은 아니다. 무언가 오묘한 느낌의 건축물이다. 소호 지역의 중심 상업거리인 커낼 스트리트와 하우스턴 스트리트 사이에 있는 브로드웨이 길에는 이러한 건축물들이 연속적으로 펼쳐져 있다.

이 건축물들은 규모는 다르지만 16세기 르네상스 시대 이탈리아 귀족들의 궁전 같기도 하다. 건축물들의 파사드는 르네상스 시대 궁전처럼 피아노 루스티카Piano Rustica, 1층, 피아노 노빌레Piano Nobile, 2~5층, 크라운 탑Crowing Top, 꼭대기 층으로 이루어진 3부 구성 Tripartite Elevation을 취하고 있으며, 벽돌과 석재로 마감하여 거친 재료적 표현이 돋보인다. 이렇게 거칠게 마감하는 방식을 러스티케이션Rustication이라고 부르며 르네상스 시대 건축양식의 주된 표현 기법 중 하나다.

이러한 소호의 건축물들은 18~19세기 미국인들이 유럽 건축과 도시에 대한 동경을 표현한 듯해서 흥미롭다. 이탈리아에서는 이러한 건축양식이 귀족들의 궁전을 위해 사용된 반면, 뉴욕에서는 사람들이 일상적으로 지나다니는 상업지역에 사용되었다. 아이러니하지만 재미있다. 현대 시대의 소호 건축은 어떠할까? 이탈리아 출신의 포스트모더니즘 건축가 알도 로시Aldo Rossi, 1931~1997가 유작으로 남긴 소호의 스칼러스틱 빌딩Scholastic Building, 2001은 소호의 현대 건축이 어떠한 방향을 가져야 하는지 가이드라인과 같은 특징을 보여준다. 정확한 비례, 열주로 구성된 파사드, 옆 건축물과 층고를 맞추고 소호의 본래 콘텍스트와 어우러지는 철재의 재료적 표현은 소호의 옛날 건축물과 현대 건축이 어떻게 조화해야 하는지에 대한 해답이 담겨 있는 듯하다. 마치 고전적이고 오래된 옛날 소호의 건축물이 현대적으로 재해석된 느낌이다.

젠트리피케이션과 철강 건축, 그리고 쇼핑과 맛집, 카페는 소호 지역을 대표하는 단어다.

나는 소호 지역에 갈 때마다 서울의 도시들이 생각났다. 특히 한옥과 현대식 건물이 어우러진 고풍스러운 분위기의 삼청동 지역이 오버랩된다. 과거 조선 시대 양반들이 살던 삼청동 지역은 북촌 한옥마을과 연계된 문화예술과 상업이 발달한 장소다. 그러나 북촌 한옥마을과 약 12m의 물리적인 높이 차, 1957년 산업화에 따른 중학천 복개, 1970~1990년대 무분별한 현대식 개발로 이 장소가 본래 가지고 있던 정체성이 많이 훼손되었다. 이러한 이유로 대학원 석사 논문 프로젝트인 레트로 삼청Retro Samcheong, 2016을 통해 중학천을 복원하고 삼청동의 장소를 대상으로 북촌 한옥마을과 3차원으로 연결되는 골목길 같은 건축을 제안했다. 나의 이러한 연구와 바람은 현재 실제로 구현되고 있다. 서울시의 청계천 2050 마스터플랜에 따라 2030년에 중학천을 복원하고 청계천과 연결한다는 계획이 발표된 것이다. 삼청동을 연구한 한국 건축가 중 한 명으로서 다행스럽다는 생각이 들었다. 소호와 삼청동은 지구 반대편의 장소지만 고풍스러운 분위기의 지역이라는 점에서 공통점이 있다. 두 장소가 가진 고유의 장소성이 미래 건축과 도시 공간에 어떠한 교훈을 남길지 궁금하다.

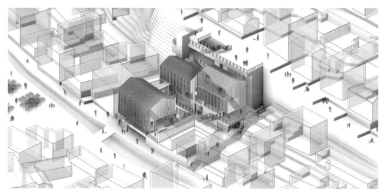

레트로 삼청 프로젝트(이용민, 2016)

계단과 패션의 결합

등고선과 계단, 공간이 혼연일체된 롱샴 스토어

서울의 대표적인 명품 패션거리인 강남구 청담동에는 독특한 형태의 건축물이 많다. 이 건축물들은 패션 디자이너의 디자인 철학을 반영하면서 독특한 형태와 인테리어로 사람들의 발걸음을 끌어들인다. 뉴욕의 대표적인 쇼핑거리인 소호는 어떨까? 소호는 앞서 설명했듯이 작은 건축물들이 아기자기하게 분포한 것이 매력이다. 큰 건축물과 상점으로 구성된 뉴욕의 또 다른 대표적인 쇼핑거리인 5th 애비뉴와는 다르다. 소호는 마치 서울 명동, 인사동, 익선동, 서촌 거리와 비슷한 느낌이다. 인사동, 익선동과 비견될 수 있는 뉴욕 소호 거리에서 나는 독특한 공간들을 많이 만나볼 수 있었다. 외부는 소호의 일반적인 건물인데 내부에 들어가면 반전되는 공간. 이것이 소호의 진정한 매력이 아닐까? 이러한 분위기를 나타내는 소호의 스토어 중에서 라 메종 유니크La Maison Unique로 불리는 롱샴 스토어Longchamp Store는 일반적으로 생각하는 계단에 대한 상식을 뛰어넘는 공간을 보여준다.

소호의 롱샴 스토어는 도시와 조화하면서 패션 브랜드의 정체성을 나타내준다. 패션에 대해서는 잘 모르지만 패션 스토어와 공간을 분석해보면 그 패션 브랜드 특유의 정체성이나 철학 등이 보인다. 뉴욕 소호에서 근무할 때 점심시간마다 소호 거리를 산책하며 여러 패션 스토어를 구경했다. 롱샴 스토어는 내가 좋아한 공간이다. 롱샴 스토어에 직접 가보면 이 건물이 패션 브랜드의 스토어인지 일반 오피스인지 잘 분간되지 않는다. 스토어 입구에 설치된 롱샴 깃발을 보기 전에는 말이다. 다른 소호의 건물들처럼 벽돌로 마감되고 규모도 작다.

롱샴 스토어 소호는 영국 출신의 건축가 토머스 헤더윅Thomas Heatherwick, 1970~이 2004년에 리노베이션하면서 디자인했다. 토머스 헤더윅이 디자인했다고 하면 무언가 기대감이 생긴다. 이번에는 그가 어떤 공간을 보여줄까? 새로운 테크놀로지와 디자인 기법을 현대 건축과 조화시키는 그가 완성한 패션 디자인 스토어. 또한 그는 2019년에는 뉴욕 허드슨 야드Hudson Yards의 베슬Vessel을 디자인하며 세계적으로 더욱 주목받는 건축가다. 롱샴 스토어 소호는 토머스 헤더윅의 초기 작품으로 분류된다. 따라서 그가 어떤 생각

롱샴 스토어 소호(2004)

으로 자신의 건축과 디자인을 전개해나갈지 비전과 방향성이 담겨 있다고 할 수 있다.

　토머스 헤더윅은 허드슨 야드의 베슬 프로젝트에서 시도했듯 이 테크놀로지와 건축 공간의 결합으로 독특한 디자인 언어를 구현한다. 그의 대표작 중 하나인 싱가포르 난양공과대학교의 러닝 허브The Learning Hub는 싱가포르 특유의 기후와 자연 풍경을 기반으 로 디자인되었다. 나무 같은 원형의 매스를 겹쳐서 아트리움과 오 픈 스페이스, 교육 공간 등을 만들고 마치 숲과 같은 이미지의 공 간을 구현한 것이 특징이다. 기둥과 바닥도 이러한 공간 개념을 표현하기 위해 모두 자연적인 곡선과 형태로 이루어졌다. 특히 러닝 허브의 기둥을 자세히 보면 나무 무늬가 콘크리트 기둥에 새겨진 모습이 숲을 추상화한 듯한 느낌이 든다. 이러한 독특한 지역주의 건축으로 러닝 허브는 싱가포르 특유의 풍경을 보여주는 동시에 테크놀로지와 건축 공간이 결합해서 만드는 세밀한 디테일이 토머스 헤더윅의 건축철학을 보여준다. 이제 다시 소호로 가보자.

싱가포르의 러닝 허브가 토머스 헤더윅의 중반기 작품이라면 롱샴 스토어는 앞서 언급했듯이 초기 작품이다. 러닝 허브의 건축적 표현이 굉장히 추상적이면서 지역적인 요소들을 최신 건축 테크놀로지로 구현했다면 롱샴 스토어 소호에서는 내부공간에 집중하면서 절제된 건축적 표현이 특징이다. 물론 이곳에서도 현대 디지털 건축의 기법이 엿보인다. 롱샴 스토어 소호의 내부에는 독특한 형태의 계단이 스토어의 중심공간을 차지하고 있다. 토머스 헤더윅이 디자인한 이 계단을 중심으로 모든 공간이 수직, 수평으로 연결된다. 이 계단은 흔히 지도에서 보던 등고선Contour과 비슷한 형태로 디자인되었다. 일반적인 계단의 기능은 수직 동선으로만 사용되는데 토머스 헤더윅은 계단의 의미를 롱샴 스토어 소호를 통해 확장하는 시도를 한 것 같다. 실험적인 건축이라고도 할 수 있다.

이 계단은 상품을 전시하는 공간으로뿐만 아니라 1층 로비에

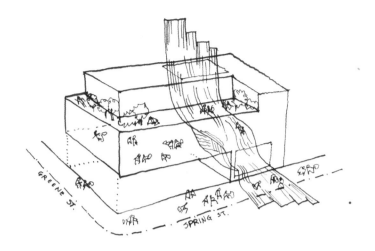

서 2층의 메인 스토어까지 연결하는 완충 공간Buffer Space으로 사용
된다. 롱샴 스토어 소호에서는 가장 상징적인 공간이다. 계단의 유
리 난간은 3차원 곡면으로 휘어지는데 스토어 내부의 빛을 다양한
각도로 반사시키면서 사람들이 계단을 오르내릴 때 색다른 공간적
경험을 하도록 유도한다. 마치 이 계단을 오르내릴 때면 공간이 왜
곡Distortion되는 듯하다. 공간적 왜곡. 이러한 공간적, 시각적인 효
과로 사람들은 1층에서 2층의 메인 스토어로 진입할 때는 걸음의
속도를 늦추고 상품에 대한 기대감을 품고 공간에서 머무르게 된
다. 토머스 헤더윅은 이 계단의 디자인을 통해 사람들이 상점에서
머물도록 의도한 것이 아닐까? 상점에서 사람들이 머무는 시간이
많다는 것은 그만큼 상품을 구경하고 구매할 가능성이 높아진다는
것을 의미하기도 한다.

롱샴 스토어의 다이어그램Diagram을 보면 토머스 헤더윅이 길
과 건축물의 관계에 대해 어떤 생각을 가지고 디자인했는지 알 수
있다. 그는 기존의 건물 구조와 외부 형태는 보존한 상태에서 소호
스트리트의 흐름을 롱샴 스토어 내부로 자연스럽게 끌어들이면서
동선이 스토어 전체와 연계되도록 의도했다. 또한 이 계단 위에는
천창을 배치하여 마치 아트리움Atrium 같은 공간적 효과를 끌어들
였다. 이는 고전 건축에서 나타나는 중심공간으로서 계단과 천창
의 관계를 만든 것으로 보인다. 르네상스 시대 거장 건축가인 안드
레아 팔라디오Andrea Palladio, 1508~1580가 자주 구현한 공간과 유사하

다. 안드레아 팔라디오는 빌라 로툰다Villa Rotonda를 설계하면서 대칭의 평면 중심공간을 비우고 돔으로 덮음으로써 소우주Universe의 공간을 구현했다. 이와 유사하게 토머스 헤더윅은 현대적인 공간적 감각으로 계단과 천창의 관계를 만든 것이다. 그의 공간적 콘셉트는 건물 밖의 길과 내부공간을 유기적으로 연결하고 길의 연장선인 수평적, 수직적 동선의 계단과 천창을 만든 것이다.

한양대학교 건축대학원을 다니던 시절 토머스 헤더윅의 롱샴 스토어에서 아이디어를 얻어 한남 텍토닉Hannam Tectonic 프로젝트를 진행했다. 한남동 주택가의 사이트에 공간, 구조, 외관 디자인을 모두 계단으로만 해결하는 아이디어를 구현한 것이다. 작은 스케일로 구성된 한남동에 하나의 문화공간으로 기능하는 것을 제안했다. 360도로 돌아가는 계단을 올라가면 남산을 비롯해 서울 시

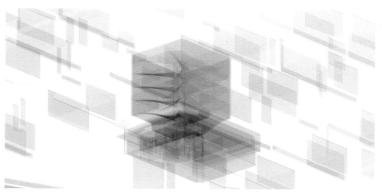

한남 텍토닉(이용민, 2015)

내의 뷰를 3차원으로 볼 수 있도록 디자인했다. 롱샴 스토어 소호의 계단을 좀 더 수직적으로 쌓고 확장한 것이다.

롱샴 스토어 소호에 갈 때면 기분이 좋다. 별것 아닌 듯 보이는 계단이 새로운 개념의 공간으로 재탄생하는 듯해서일까? 토머스 헤더윅이 디자인한 롱샴 스토어 소호의 계단은 사람들이 스토어 내부공간에 머무는 시간을 연장시키는 중요한 요소다. 이는 사람과 상점이 공간을 통해 소통하는 것을 의미한다. 토머스 헤더윅은 이러한 공간적 효과를 구현하는 데는 독보적이다.

2019년에 토머스 헤더윅이 디자인한 뉴욕 허드슨 야드의 랜드마크인 베슬이 이러한 공간적 효과의 절정을 보여준다. 베슬에서 사람들은 수백 개의 계단을 오르내리며 공간을 향유한다. 베슬은 비록 내부공간이 없는 계단으로만 구성되어 있지만 사람들이 이 장소에서 머무르는 시간과 파급력은 대단하다.

롱샴 스토어 소호는 베슬이 있기까지 토머스 헤더윅이 초창기에 실험적으로 구현한 작은 규모의 디자인이지만 의미가 크다고 생각한다. 모더니즘 건축의 거장인 프랭크 로이드 라이트Frank Lloyd Wright, 1867~1959도 솔로몬 R. 구겐하임 뮤지엄Solomon R. Guggenheim Museum, 1959 이전에 V. C. 모리스 숍V. C. Morris Gift Shop, 1948을 통해 경사로로 구성된 내부공간의 가능성에 대해 실질적으로 탐구한 적이 있다. 토머스 헤더윅도 롱샴 스토어 프로젝트를 통해 계단의 가능성에 대해 새롭게 탐구한 것이 아닐까? 패션과 계단의 결합을 보여주는 롱샴 스토어는 고객과 판매공간의 관계를 어떻게 형성해야 하는지에 대한 생각이 담겨 있다. 계단을 오르내리는 것은 상점에 엔터테인먼트 요소를 도입한 것과 같다. 사람들이 판매공간에서 오랜 시간 머무르도록 만드는 전략이 롱샴 스토어 소호의 가장 중요한 특징이다.

공간적 왜곡을 일으키는 곡면 유리 난간과 계단

흐르는 듯한 독특한 형상의 계단

뉴요커는 프라다를 입는다

엔터테인먼트와 스토어가 결합한 프라다 플래그십 스토어

2003년에 소설가 로런 와이스버거Lauren Weisberger, 1977~가 쓴 《악마는 프라다를 입는다The devil wears Prada》가 출간되었다. 이 책은 소설가 자신의 실제 경험을 바탕으로 뉴욕의 패션 업계에서 일하는 사람들의 이야기를 생생하게 그려 호평을 받았고 2006년에는 영화로도 개봉했다. 미국의 유명 여배우인 앤 해서웨이와 메릴 스트리프가 주연을 맡은 이 영화는 글자로만 보던 소설의 배경을 사실적인 미디어 이미지로 표현함으로써 뉴욕의 패션 하면 가장 먼저 떠오르는 영화가 되었다. 특히 주인공들이 입은 명품 옷들과 그들이 걸어다니던 뉴욕의 거리는 대중의 시선을 끌기에 충분했다. 당시 이 영화는 의상비만 100만 달러를 사용하며 사상 최고의 의상비를 기록한다. 영화에서 악역으로 그려진 주인공 미란다 프리슬리는 소설가 로런 와이스버거가 실제로 일한 〈보그Vogue〉 잡지사의 편집장 애나 윈터Anna Wintour, 1949~ 를 모델로 삼았다. 애나 윈터는 현대 패션계의 거장으로 평가받는 인물이며 그녀의 말 한마디에 4대 패션위크의 날짜가 바뀌기도 한다. 또한 그녀가 도착하지 않으면 패션위크가 시작하지 않을 정도로 그녀의 영향력은 막강하다. 소설과 영화의 제목에 프라다가 들어가는 것은 실제로 애나 윈터가 프라다 옷을 즐겨 입었기 때문이라고 한다.

영화 〈악마는 프라다를 입는다〉의 배경인 뉴욕으로 가보자. 뉴욕의 소호 지역에서 쇼핑을 즐기다 보면 스키 슬로프 같은 공간을 볼 수 있다. 뉴욕에는 높은 산이 없는데 스키 슬로프라니? 소호에 있는 프라다 플래그십 스토어Prada Flagship Store 에서 이러한 공간을 볼 수 있다. 사실 진짜 스키 슬로프는 아니다. 공간이 스키 슬로프를 연상시키는 형태로 구성되어 스키 슬로프로 칭한 것이다. 프라다 플래그십 스토어의 내부에 들어가면 특별한 공간이 펼쳐진다. 상점은 크지도 않고 화려해 보이지도 않는다. 소호의 고풍스러운 벽돌 건물 1층과 지하 1층을 사용하는 프라다 플래그십 스토어는 조용히 자리하고 있다. 영화 제목으로도 사용된 패션 브랜드 프라다의 뉴욕 스토어에는 어떻게 해서 스키 슬로프 같은 공간이 탄생했을까?

요즘 한국에서는 사람들이 쇼핑하러 갈 때 그냥 쇼핑만 하지 않는다. 복합 쇼핑공간이 대세가 된 지 오래되었고 이렇게 엔터테인먼트와 상업공간이 공존하는 대형 쇼핑몰이 자리 잡게 되었다. 하남시 스타필드나 의왕시 타임 빌라스 등이 대표적이다. 스타필드는 대형 복합 쇼핑몰로 개발되어 실내에 쇼핑몰을 비롯하여 다양한 놀이와 휴식을 즐길 수 있도록 설계되었다. 타임 빌라스는 전원주택 같은 작은 스케일의 건물들이 마을처럼 공간을 형성하며 도시에서 조금 떨어진 복합 쇼핑공간을 제공한다. 이는 대중에게 굉장한 호응을 이끌어내며 성공적으로 자리 잡는다. 바쁘게 돌아가는 현대 시대의 도시에서 주차가 편리하며 가족들과 한 공간에서 다양한 엔터테인먼트와 쇼핑을 즐기고 맛있는 음식까지 먹고 쉴 수 있는 복합 쇼핑몰은 현대인의 필요를 충족시키기에 최상이다. 그렇다면 이러한 복합 쇼핑몰의 아이디어는 뉴욕에서 어떻게 구현되었을까?

2001년으로 돌아가보자. 이탈리아의 유명 패션 브랜드인 프라다는 유럽을 넘어 미주와 아시아로 사업 확장을 시도한다. 그 일환으로 미국의 첫 번째 프라다 매장을 뉴욕 소호에 오픈한다. 프라다는 건축가로 OMA Office for Metropolitan Architecture 를 섭외한다. 1975년에 네덜란드 로테르담에서 건축가 렘 콜하스 Rem Koolhaas, 1944~ 와 엘리아 젱겔리스 Elia Zenghelis, 1937~ 가 설립한 OMA는 혁신적인 아이디어를 기반으로 국제적으로 활동하는 건축가 그룹이다. 렘 콜하스가 영국 런던의 AA 스쿨에서 공부할 때 엘리아 젱겔리스는 학교의 강사이기도 했다. 그들은 1970년대에 AA 스쿨에서부터 건축작업을 함께 수행했으며 맨해튼을 배경으로 다양한 아이디어의 계획안을 발표했다. 뉴욕에 대한 그들의 연구와 프로젝트들은 렘 콜하스가 1978년에 출간한 《광기의 뉴욕Delirious New York》의 기반이 되기도 했다. 이렇게 OMA의 혁신과 프라다의 비전은 이 장소를 독특한 공간으로 만들기에 충분했다. 렘 콜하스와 OMA는 어떠한 건축적 아이디어로 프라다 플래그십 스토어를 디자인했을까?

프라다 플래그십 스토어는 575 브로드웨이575 Broadway 빌딩의 1층과 지하 1층 공간을 사용하고 있는데, 동쪽으로는 소호의 중심

프라다 플래그십 스토어의 내부공간

거리인 브로드웨이와 면해 있고 서쪽에는 머서 스트리트 방향으로 출입구가 설치되어 있다. 575 브로드웨이 빌딩은 1882년에 소호 주철 빌딩으로 완성되었으며 1960년대부터 1996년까지는 소호 구겐하임 뮤지엄이 입지했던 역사적인 건축물이다. 또한 지하철 R, W라인이 지나가는 프린스 스트리트 역에서 나오면 바로 보이는 좋은 위치에 있다. 프라다 플래그십 스토어는 소호에서 사람들이 가장 많이 지나다니는 곳에 입점한 것이다.

프라다 플래그십 스토어는 상점과 상품창고 및 업무공간을 포함하여 약 647평의 공간으로 구성되어 있다. OMA는 뉴욕 최초의 프라다 플래그십 스토어에 엔터테인먼트 요소의 결합을 시도했다. 앞서 말한 스키 슬로프 같은 곡선형 벽체를 이용하여 상점의 1층에서부터 지하 1층까지의 공간을 비워낸다. 또한 곡선형 슬로프의 반대편에는 계단을 설치하여 사람들이 앉아서 쉴 수 있는 공간도 만들었다. 주목해서 보아야 할 점은 곡선형 슬로프에 설치한 개폐 가능한 무대다. 이 무대는 사용자의 의도에 따라 오픈될 수도 있고 닫힐 수도 있는 독특한 장치다. OMA는 이러한 실험적인 공간을 통해 미래 패션 스토어가 단순히 물건을 사고파는 공간이 아니라 사람들과 함께 어우러지는 엔터테인먼트 공간을 제안했다. 슬로프와 계단 공간은 프라다의 전시공간이 될 수도 있고 사람들이 쇼핑을 즐기다가 앉아서 쉬는 휴식공간이 될 수도 있다. 무대가 열리면 소규모 클래식 연주회와 강연을 할 수 있고 스크린을 설치하면 영화도 볼 수 있다. 하나의 공간 요소가 더해짐에 따라 상점이 사람들이 머무르고 즐기는 공간으로 변신한 것이다.

OMA가 프라다 플래그십 스토어에 새로운 개념의 공간을 도입한 것이 하나 더 있다. 스토어 동서축의 벽체 전체에 프라다 월페이퍼Prada Wallpaper를 설치한 것이다. 프라다 월페이퍼는 사람들이 동쪽의 브로드웨이와 서쪽의 머서 스트리트에서 상점 내부로 들어와 스크린처럼 보게 되는 벽이다. 기다란 평면의 벽체를 통해 프라다는 주기적으로 새로운 상품과 디자인을 소개하는 플랫폼으로 사용하고 있다. 프라다 월페이퍼는 슬로프와 계단 공간과 결합하는 변화하는 엔터테인먼트 요소로서 이 공간에 변화와 새로움을

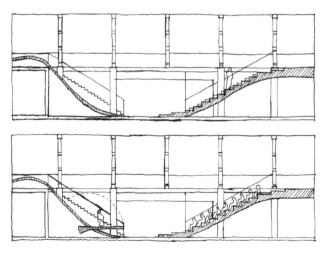

프라다 플래그십 스토어의 내부공간 다이어그램 스케치

더해준다. OMA는 프라다의 공간에 엔터테인먼트와 쇼를 결합한 것이다.

프라다 플래그십 스토어는 전 세계 패션 스토어에 하나의 이정표가 되었다. 특히 프라다에는 자신들의 패션과 상점공간에 대한 정체성을 확립하는 계기가 되었다. 이후 OMA와 프라다는 샌프란시스코, 로스앤젤레스, 런던, 상하이 등에 프라다 스토어를 여는 계획안을 함께 진행했으며 2009년에는 한국에 프라다 트랜스포머 Prada Transformer 라는 프로젝트를 통해 새로운 건축을 선보인다. 서울 경희궁에 설치된 프라다 트랜스포머는 내가 대학교 시절 진행한 프로젝트여서 실제로 답사하며 지켜보았다. 이 프로젝트는 십자가, 원형, 육각형, 사각형의 기하학적인 면으로 공간을 어떻게 구성할 수 있는지 시도해보는 실험적인 프로젝트였다. 사각형을 바

곡선형 슬로프 공간과 가변형 무대

계단에 전시된 패션 상품들

닥에 놓고 원형, 육각형 십자가를 세우는 방법, 십자가를 바닥에 두고 다른 면을 세우는 방법. 네 개의 면을 어떻게 조합하느냐에 따라 전시공간이 되기도 하고 영화관이 되기도 한다. 이 프로젝트를 실제로 보면서 '미래에는 이러한 건축이 더욱 적극적으로 사용되겠구나'라는 생각이 들었다. 이렇게 가변형의 공간이 엔터테인먼트와 결합한 아이디어가 뉴욕의 프라다 플래그십 스토어에서 실제로 구현된 것이다.

미래에 쇼핑공간은 또 어떻게 진화할까? 프라다 플래그십 스토어는 규모는 작지만 새로운 소비공간을 우리에게 제공한다. 엔터테인먼트와 패션, 상점이 결합된 이 공간은 사람들이 단순히 상점에 들어와서 물건을 구경하고 구매하는 행태의 개념을 넘어선다. 사람들을 자신들의 상점에 오랜 시간 머무르게 만드는 것이다. 이러한 개념은 한국에서도 대형 복합 쇼핑몰에 적용되어 도시적으로 굉장한 파급효과를 만들어낸다. 사람들의 소비 형태를 완전히 뒤바꾸어놓은 것이다.

돌로 빚은 공간

절제된 미학의 발렌티노 스토어

뉴욕 5th 애비뉴의 화려한 쇼핑거리를 걷다 보면 나도 모르게 뉴욕에 와 있다는 실감이 난다. 이러한 기분은 타임스 스퀘어Times Square에서도 느껴진다. 화려한 네온사인과 수많은 사람들, 상점들은 무언가 뉴욕만이 가질 수 있는 특유의 분위기를 나타낸다. 5th 애비뉴 거리는 뉴요커들보다 관광객들에게 더 인기가 많다. 소호 지역이 뉴요커들에게 사랑받는 곳이라면 5th 애비뉴의 거리는 세계 곳곳에서 오는 관광객들이 미드타운 맨해튼 지역의 관광지와 함께 쇼핑을 즐기는 장소다. 이곳은 굉장히 화려하다. 그래서 나는 한국에 사는 지인이 뉴욕에 올 때면 항상 타임스 스퀘어와 함께 5th 애비뉴에 가장 먼저 데리고 간다. 타임스 스퀘어와 5th 애비뉴의 거리를 걷다 보면 수많은 사람들과 불빛, 상점들 때문에 진짜 뉴요커가 된 듯한 환상에 사로잡힌다. 일렬로 길게 뻗어 있는 5th 애비뉴에는 각종 패션 브랜드가 즐비한데 그중에서 내가 인상 깊게 기억하는 발렌티노 스토어Valentino Store에 대해 이야기해보고자 한다. 발렌티노 스토어는 마치 돌로 빚은 듯한 공간이 특징이다.

이탈리아 패션 브랜드인 발렌티노 스토어는 한국의 백화점이나 온라인 쇼핑몰에서 자주 볼 수 있으며 뉴욕 한복판인 5th 애비뉴에도 자리하고 있다. 발렌티노 스토어는 리노베이션을 통해 상점을 디자인했다. 5th 애비뉴에 있는 아르마니 스토어나 나이키, 티파니 앤 코 등이 이렇게 리노베이션을 통해 완성되어 기존 도시와 건축적 콘텍스트를 보존하며 현대 라이프에 적합한 공간을 만들고 있다. 소호의 작고 아기자기한 상점들과는 다른 분위기다. 소호가 레트로한 느낌의 옛날 거리라면 5th 애비뉴의 패션거리는 고풍스러운 신도시 같은 분위기다. 길도 넓고 잘 정돈된 모습이다. 한국으로 치면 소호는 명동, 5th 애비뉴는 청담동 패션거리다. 발렌티노 스토어는 영국 출신 건축가 데이비드 치퍼필드David Chipperfield, 1953~가 디자인했다. 그는 어떻게 뉴욕의 패션 스토어를 디자인했을까?

데이비드 치퍼필드는 2019년 서울에 완성한 아모레퍼시픽 본사 사옥Amorepacific HQ으로 한국 건축계에 널리 알려졌다. 데이비드 치퍼필드는 영국 런던의 AA 스쿨에서 건축을 공부했는데, 당시 AA 스쿨은 하버드 대학교 디자인 대학원 등과 함께 세계 건축계를 이끌던 학교다. 데이비드 치퍼필드와 비슷한 세대의 건축가인 자하 하디드Zaha Hadid, 렘 콜하스Rem Koolhaas, 스티븐 홀Steven Holl, 케네스 프램튼Kenneth Frampton, 벤 판베르컬Ben Van Berkel 등이 AA 스쿨에서 건축을 공부한 후 국제적인 영향력을 가진 건축가로 발돋움한다.

AA 스쿨의 학풍은 굉장히 독특하다. 아방가르드Avand-Garde 하다고 할 수도 있을 만큼 파격적이면서 새로운 건축적 시도를 멈추지 않는다. AA 스쿨은 미국 로스앤젤레스에 있는 아방가르드한 학풍의 건축학교 사이아크SCI-ARC 의 모델이 될 정도로 진보적인 건축을 탐구하고 있다. 그래서 AA 스쿨 재학생들의 설계 프로젝트는 내가 학교 다닐 당시에 항상 참고 대상이었다. 그들의 이미지, 색채, 건축적 형태, 그래픽 등은 스튜디오 프로젝트를 진행할 때 좋은 자료가 되었기 때문이다.

그러나 데이비드 치퍼필드는 AA 스쿨 출신의 다른 건축가들과는 조금 다른 듯하다. 자하 하디드와 렘 콜하스는 포스트모더니즘Post-Modernism 건축 이후에 해체주의Deconstructivism 건축의 선구자로 활약하며 형태적, 공간적으로 새로운 건축을 시도했다. 형태적으로도 평면과 입면에 사선 형태를 많이 사용함으로써 기성세대의 건축을 거부하고 건축의 본질을 새롭게 정의하려는 도전정신이 엿

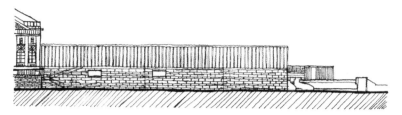

열주로 구성된 제임스 사이먼 갤러리의 입면도 스케치

보인다. 반면에 데이비드 치퍼필드의 건축은 차분하고 정적이면서 무거운 건축이다. 게다가 그의 건축은 중세 시대 고전 건축의 모티브를 현대적으로 재해석한 것 같기도 하다. 그의 대표작 중 하나인 제임스 사이먼 갤러리The James Simon Gallery, 2018는 파르테논 신전 Parthenon 정면의 기둥들을 연상시키는 열주를 건축물 입면에 배치하여 신전 같은 뮤지엄을 디자인했다. 또한 형태적으로도 순수한 기하학에 가까운 건축적 형태가 솔직하면서도 단순 명료하다.

발렌티노 스토어는 비록 작은 패션 스토어인데도 이러한 데이비드 치퍼필드의 건축적 특징이 잘 나타난다. 먼저 발렌티노 스토어는 빌딩의 저층부 2개 층을 사용하는데 스토어 부분은 파사드까지 리노베이션했다. 발렌티노 스토어가 입점한 건물은 본래 포스트모더니즘과 해체주의 건축의 대가인 필립 존슨Philip Johnson이 1993년에 설계한 타카시마야 백화점 Takashimaya Department Store이다. 현대 건축의 거장 건축가가 남긴 건축물을 리노베이션한다는 것은 어떤 느낌일까. 아마도 부담이 컸을 것이다. 게다가 필립 존슨은

타카시마야 백화점과 발렌티노 스토어(2014)

초대 프리츠커 건축상 수상자이기도 하다.

　한국 현대 건축의 전설인 고^故 김수근 건축가1931~1986의 대표작인 공간건축 사옥1971은 1997년에 공간건축의 2대 사장이자 김수근 건축가의 제자인 고^故 장세양 건축가1947~1996가 설계하여 증축했다. 증축한 건물은 스승이 남긴 벽돌 외벽 건축과 정반대로 대비되는 투명한 유리 박스로 구성되어 김수근 건축가의 작품과는 다른 형태적, 재료적 표현이 돋보인다. 이는 스승의 건축에 도전하지 않고 존중하면서 공존하는 방법을 택한 것이라고 볼 수도 있다.

　데이비드 치퍼필드는 필립 존슨이 남긴 건축작품을 어떻게 다루었는지 살펴보자. 데이비드 치퍼필드 역시 필립 존슨의 작품을 존중하면서 자신의 건축철학을 접목했다. 기본적으로 필립 존슨이 설계한 타카시마야 백화점은 포스트모더니즘 건축풍으로 완성되었다. 2010년까지는 일본계 백화점사인 타카시마야가 백화점으로 사용했다. 현재는 건물을 매각하여 저층부는 발렌티노가 사용하고 고층부는 오피스가 점유하고 있다. 데이비드 치퍼필드는 저층부 발렌티노 스토어의 리노베이션 디자인을 담당했다. 그는 단순한 유리 파사드를 디자인하여 고층부의 포스트모더니즘 건축과 대비되도록 했다. 이는 공간건축 신사옥을 담당한 장세양 건축가가 유리 박스를 디자인하며 기존 건축물과 대비를 이룬 것과 유사한 건축기법이다. 다른 요소를 병치하여 대비하면서 조화시키는 디자인이다.

5th 애비뉴에 면한 파사드는 데이비드 치퍼필드 특유의 비례와 정적인 형태, 재료적 표현 등이 돋보인다. 어두운 색깔의 스틸로 마감한 프레임들은 세련되어 보이면서도 무겁다. 유리로 마감한 파사드는 데이비드 치퍼필드가 자주 구사하는 건축기법은 아니다. 그는 가볍고 현대적인 미학의 유리보다 고전적이면서 육중한 외벽을 선호한다.

뉴욕 5th 애비뉴에 데이비드 치퍼필드가 새로운 시도를 한 것일까? 언뜻 보면 미스 반데어로에가 뉴욕에 남긴 시그램 빌딩 Seagram Building, 1958 의 외벽과도 유사하게 보인다. 실제로 데이비드 치퍼필드는 시그램 빌딩의 파사드에서 영감을 받아 발렌티노 스토어를 디자인했다고 한다. 보통 알루미늄 프레임은 은빛을 띠지만 발렌티노 스토어의 파사드는 시그램 빌딩의 검정색 스틸처럼 어둡다. 파사드를 자세히 보면 저층부와 중층부가 다르다. 저층부 3개 층은 황동빛 프레임으로 마감되어 있다. 이는 5th 애비뉴 특유의 분위기와 조화하기 위한 선택으로 보이며 발렌티노에서 출시되는 시계 특유의 색채와 일맥상통한다. 파사드의 프레임들은 정확히 비례를 이룬다. 데이비드 치퍼필드의 작품 대부분은 이러한 대칭, 비례로 파사드를 구성하는 것이 특징이다. 그의 작품들은 비례나 열주, 들어 올려진 계단 등 고전적인 건축의 특징들이 현대적인 재해석을 통해 담겨 있다.

5th 애비뉴 발렌티노 스토어의 디자인을 좀 더 이해하기 위해

- 발렌티노 스토어의 황동빛 프레임 저층부
- 발렌티노 스토어의 검정 프레임과 유리 파사드

서는 그가 2013년에 디자인한 파리 발렌티노 스토어를 분석해보아야 한다. 파리 발렌티노 스토어도 뉴욕 5th 애비뉴 스토어와 동일하게 리노베이션 프로젝트이며 내부 바닥, 벽체, 천장의 마감재가 매우 유사하게 디자인되었다. 주변 도시와 환경의 영향이었을까? 한 가지 조금 다른 것은 파리 발렌티노 스토어의 외벽은 내부와 유사한 석재로 마감되었지만 뉴욕 5th 애비뉴 발렌티노 스토어의 외벽은 유리로 구성된 것이다.

뉴욕 5th 애비뉴 발렌티노 스토어는 파리 발렌티노 스토어보다 좀 더 기하학적이다. 스토어 입구의 문을 열고 들어가면 바로 왼쪽에 육중한 인조석 테라초Terrazzo로 마감된 기하학적 형태의 계단이 눈에 들어온다. 이 계단은 발렌티노 스토어에서 가장 핵심적인 공간이다. 테라초는 데이비드 치퍼필드의 건축에 자주 등장하는 재료인데 이렇게 내부 전체에 사용한 것은 드문 일이다. 그래서 내부는 무거운 느낌이 든다. 이 무거움 속에 전시된 발렌티노 제품들은 너무나 가벼워 보인다. 동굴에 들어온 느낌이 들었다. 아주 밝은 동굴 같았다. 계단을 지나 2층으로 올라가면 어두운 곳에 있다가 밝은 곳으로 나가는 듯한 공간적 효과가 돋보인다. 데이비드 치퍼필드는 이 계단을 스토어 내부의 공간적 중재자로서 디자인한 것이 아닐까?

과거 필립 존슨이 디자인한 타카시마야 백화점의 저층부를 패션 디자인 스토어로 리노베이션한 데이비드 치퍼필드. 그가 나

발렌티노 스토어 내부 계단의 기하학적인 형태   육중한 테라초 벽체에 진열된 상품들

타내는 건축적 철학은 어쩌면 포스트모더니즘 건축의 선구자 중
한 명인 필립 존슨의 건축과도 비슷해 보인다. 앞서 AA 스쿨 출신
들의 아방가르드한 건축적 정체성을 언급했는데 데이비드 치퍼필
드는 고전적인 건축의 모티브를 현대적으로 재해석하는 것이 진정
한 아방가르드라고 생각하는 것이 아닐까 싶다. 필립 존슨과 데이
비드 치퍼필드의 공존. 데이비드 치퍼필드가 발렌티노 스토어를
디자인하면서 남긴 이야기를 들어보자.

> "발렌티노 스토어는 건축을 패널 사용에서 벗어난, 장식을 줄이는
> 과정에서 건축을 스토어 안으로 가져오는 인테리어 아이디어로서의
> 건축이다."
>
> — 데이비드 치퍼필드

뉴욕의 소용돌이

이탈리아 패션의 감성을 표현한 아르마니 스토어

소호와 함께 뉴욕의 대표적인 쇼핑거리를 꼽으면 5th 애비뉴를 빼놓을 수 없다. 한국에서는 보통 쇼핑을 하려면 백화점이나 지하상가로 가지만 뉴욕에서는 스트리트Street 형식의 쇼핑거리가 백화점만큼이나 활성화되어 있다. 5th 애비뉴와 주변에 입점한 상점들은 사람들과 적극적으로 소통하며 물건을 팔고 있다. 대부분의 5th 애비뉴 상점들 역시 소호나 첼시 지역처럼 외벽은 보존하고 내부 인테리어만 리노베이션하여 사용하고 있다. 그런데 소호나 첼시 지역보다 화려한 네온사인과 내부 인테리어 요소들이 눈길을 사로잡는다. 소호와 첼시 지역은 역사적인 분위기가 강하고 건축물이 오래되었기 때문에 5th 애비뉴보다는 리노베이션하는 데 한계가 있는 듯하다. 또한 5th 애비뉴의 건축물은 기본적으로 소호나 첼시 지역의 건물보다 규모가 크고 좀 더 나중에 지어졌다.

이러한 5th 애비뉴의 콘텍스트 속에 자리한 아르마니 스토어 Armani Store는 5th 애비뉴의 특징을 잘 나타내준다. 화려한 내부 계단과 LED 파사드로 장식한 아르마니 스토어는 공간적으로 사람들과 소통하고 있다. 아르마니 스토어는 이탈리아 건축가 그룹인 스튜디오 푹사스Studio Fuksas가 디자인했다. 스튜디오 푹사스는 마시밀리아노 푹사스Massimiliano Fuksas와 그의 아내 도리아나 만드렐리 Doriana Mandrelli가 파트너십으로 운영하는 부부 건축가 그룹이다. 이

아르마니 스토어의 소용돌이치는 내부 계단

들은 보수적인 디자인으로 알려진 이탈리아 건축계에서도 렌조 피아노Renzo Piano 등과 함께 이단아로 통한다. 특히 이들은 건축적으로 가장 보수적인 지역인 로마를 중심으로 활동하고 있다. 아르마니 스토어는 이들이 보통 작업하는 건축보다는 작지만 5th 애비뉴의 공간적 특징을 잘 담아냈다.

아르마니 스토어를 분석하기 전에 먼저 스튜디오 푹사스의 건축적인 특징과 철학을 살펴보자. 스튜디오 푹사스의 건축가 마시밀리아노 푹사스는 이탈리아 로마의 사피엔자 건축학교La Sapienza University에서 건축을 공부했다. 마시밀리아노 푹사스는 로마에서 아티스트이자 디자이너인 조르지오 데 키리코의 사무실에서 일한 후 피터 쿡Peter Cook 등의 주도로 결성된 런던의 아방가르드한 건축 그룹인 아키그램Archigram에서 실무를 수련했다. 이후에는 덴마크 코펜하겐에서 북유럽의 대표적인 모더니즘 건축가 예른 웃손Jørn Utzon과 헤닝 라르센Henning Larsen의 사무실에서 근무했고 1967년에는 로마에 자신의 오피스를 오픈했다. 젊은 시절 유럽을 무대로 다양한 경험과 활동을 했다.

스튜디오 푹사스의 대표작은 대부분 대형 건축물이다. 로마 국제 컨벤션 센터1998, 페리아 드 밀란Feria de Milan, 2005, 제니스 뮤직홀2008, 마이자일 쇼핑몰MyZeil, 2009, 선전 국제공항 터미널 32013 등이 있다. 그들의 프로젝트들은 3차원 곡면으로 이루어진 유기적이면서 독특한 형태가 주요 특징이다. 마치 한 편의 구름이 떠다니는 듯 보이기도 한다. 페리아 드 밀란 프로젝트를 보면 유리로 뒤덮인 대형 지붕이 소용돌이를 치며 건축물의 내외부를 관통하고 돌출되기도 한다. 해체주의 건축가로 알려진 오스트리아 출신의 볼프 프릭스Wolf Prix가 디자인한 부산 영화의 전당 지붕과도 유사하다.

스튜디오 폭사스의 건축적 철학으로 완성된 아르마니 스토어에 들어가보자. 아르마니 스토어는 외부에서 보면 그냥 평범한 아르마니 스토어처럼 보일지도 모른다. 5th 애비뉴의 다른 명품 브랜드인 루이비통, 디올, 샤넬, 구찌 등이 화려한 네온사인과 파사드로 구성된 스토어 프런트가 있는 것과는 다르게 아르마니 스토어는 차분해 보인다. 간판도 그들의 시그니처 색인 검정색 바탕에 아르마니 글씨가 적혀 있다.

1층의 스토어 프런트는 투명한 유리벽이지만 2층 위쪽의 외벽은 멀리언Mullion°이 많이 설치된 유리로 마감되어 불투명하다. 야간에는 LED 조명으로 미디어 파사드를 만들어내지만 적극적으로 사용하지는 않는 듯하다. 일반적으로 패션 브랜드의 스토어 프런트는 투명한 유리로 파사드를 마감해 거리에서 사람들이 걸어다니면서 상품을 볼 수 있도록 유도한다. 그렇다면 스튜디오 폭사스는 도대체 무엇을 한 것일까? 인근에 있는 캘리슨 RTKLCallisonRTKL이 디자인한 나이키 스토어는 6층까지 연결된 스토어 파사드 전체

° 커튼월(커튼처럼 얇은 유리 외벽)을 지지해주는 물체.

를 사선 패턴의 울퉁불퉁한 유리블록으로 마감하여 낮과 밤에 나이키만의 역동성을 나타낸다.

아르마니 스토어는 내부로 깊숙이 들어가야 상점의 건축적 정체성과 특징을 볼 수 있다. 1층으로 들어가면 마침내 스토어 끝부분에 있는 비정형의 계단이 보인다. 곡선형으로 이루어진 이 계단은 스토어의 모든 층을 역동적인 동선과 형태로 연결해준다. 이 계단은 어쩌면 아르마니 스토어 내부에서 상품들보다 더욱 돋보이기도 한다. 강력한 오브제 같다. 스튜디오 푹사스는 비정형의 나선형으로 계단을 디자인했는데 일반적인 계단과는 다르다. 우리가 일상에서 사용하는 대부분의 계단은 평균적으로 계단과 계단참으로 구성된 수직 동선이다. 아르마니 스토어의 계단은 단순히 오르내리는 것을 넘어서서 스토어 전체를 360도로 바라볼 수 있는 긴 동선으로 구성되어 있고, 계단의 끝부분도 층마다 위치가 다르다.

곡선으로 이루어진 계단 형태

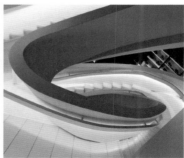

소용돌이치는 계단

그래서 단순히 이 계단을 오르내리면 방향성을 잃기 쉽다. 자유곡선형의 계단이 역동적인 동선으로 구성되어 있기 때문이다.

아르마니 스토어의 계단은 단순한 계단 이상의 무언가가 있다. 계단은 보통 계단과 더불어 난간으로 구성되어 있지만, 아르마니 스토어의 계단은 명확한 형태가 덧붙여 있다. 조각품 같기도 하다. 바티칸 박물관의 브라만테 계단은 뉴욕 솔로몬 구겐하임 뮤지엄의 경사로처럼 나선형 계단이 위로 올라갈수록 넓어지면서 소용돌이치는 형상이다. 아르마니 스토어는 나선형 계단을 더욱 역동적인 동선으로 휘감은 후, 비정형 벽체를 계단에 더해 하나의 오브제처럼 만든 것이 특징이다. 단순히 오르내리기만 할 수 있는 계단의 의미를 건축적, 공간적으로 확장한 것이다.

그렇다면 계단은 건축법에서 어떻게 정의되어 있을까? 용도에 따라 다르지만 일반적으로 한국에서 계단 한 단의 높이는 최소 160mm~최대 180mm, 단의 너비는 최소 260mm, 계단참 및 계단 폭은 최소 1200mm 이상이 되어야 건축법적 기준을 충족한다. 이러한 기준은 미국에서도 피트와 인치로 변환되어 비슷한 스케일을 가진다. 이는 사람 신체의 고유한 사이즈와 깊이 연관되어 있다. 건축적 용어로 휴먼 스케일Human Scale 이라고 한다. 사람이 걷는 보폭, 무릎을 접고 발을 딛는 너비와 높이 등을 종합적으로 계산하여 가장 효율적이고 편안하게 계단을 오르내릴 수 있도록 법적으로 기준을 마련한 것이다.

마시밀리아노 푹사스의 아르마니 스토어 계단은 이러한 법적인 기준을 충족하는 동시에 디자인을 접목하여 계단 자체가 건축 공간으로 사용되도록 했다. 나의 학부 시절 모교인 가천대학교에는 이러한 계단의 스케일을 벗어난 재미있는 계단이 있다. 학생들 사이에서는 일명 '바보계단'으로 불린다. 이 계단을 오르내리는 모습이 바보처럼 보인다는 의미다. 계단 높이가 약 120mm, 계단 한 단의 폭은 약 450mm로 설계된 가천대 비전타워 선큰 광장의 계단은 이곳을 오르내릴 때 한쪽 발만 계속 딛게 되는 신기한 현상이 일어난다. 설계자가 의도한 것은 아닐지도 모르지만 이 계단을 오르

여러 갈래로 뻗어 있는 계단

내리는 학생들은 휴먼 스케일에서 벗어난 흥미로운 건축적 경험을 하게 된다. 건축학과 학생들은 교수님들과 함께 이 계단을 실측하면서 계단이 어떻게 휴먼 스케일을 벗어났는지 분석하기도 했다. 설계가 완벽하게 되는 것만이 재미있는 공간을 만들지는 않는다.

아르마니 스토어 5th 애비뉴는 내부의 역동적인 계단을 디자인하여 상점 내부공간에 사람들이 머무르도록 의도했다. 이것이 아르마니 스토어 5th 애비뉴의 공간에서 가장 중요한 요소일 것이다. 3차원으로 소용돌이치는 계단은 사람들에게 스토어 내부에서 계단을 오르내리는 것 이상의 공간적 경험을 제공한다. 엔터테인먼트적인 요소를 상점에 도입했다고도 볼 수 있다. 상업과 엔터테인먼트가 결합된 공간은 사람들이 오랜 시간 동안 머무르도록 자연스럽게 유도할 수 있다.

소호의 프라다 플래그십 스토어도 이와 유사한 건축적 콘셉트로 완성되었다. 렘 콜하스가 디자인한 프라다 플래그십 스토어는 열리고 닫히는 가변형 무대가 설치되어 지상과 지하공간을 하나로 통합한다. 이 무대에서 사람들은 프라다의 쇼케이스나 다양한 엔터테인먼트 이벤트를 즐길 수 있다. 단순히 물건을 사고 파는 것 이상의 공간을 고객에게 제공하는 셈이다. 아르마니 스토어 5th 애비뉴도 유사한 콘셉트로 완성되었다. 독특한 계단이 있는 이 공간이 아르마니 스토어와 5th 애비뉴에 어울리는 공간을 사람들에게 제공하는 듯하다.

유리 박스 안에 숨겨진 사과

투명함에 사람을 담은 애플 스토어

사과 하면 떠오르는 IT 회사가 있다. 이들은 세계인의 손가락 이용 행태를 완전히 변화시킨 기업이다. 이쯤 설명하면 많은 사람이 알아차렸을 것이다. 바로 스티브 잡스 Steve Jobs, 1955~2011 가 창업한 애플 Apple 이다. 애플은 내로라하는 다른 전자회사들 중에서도 최고를 자부한다. 이들이 내놓은 혁신적인 아이디어는 전 세계인을 놀라게 한다. 특히 2007년에 애플에서 처음 선보인 아이폰은 전 세계인의 생활 행태를 바꾸어놓았다. 전화와 문자메시지 기반의 휴대폰을 손바닥 안에서 대부분의 일상적인 정보를 빠르게 얻고 생활까지 가능하도록 바꾸어놓은 것이다. 아이폰은 출시되자마자 혁신의 아이콘으로 불리며 스마트폰이라는 새로운 정의의 휴대폰으로 나아가는 이정표가 되었다. 한국에서는 3세대 아이폰인 아이폰 3GS가 2009년에 출시되어 스마트폰의 시대가 본격적으로 열렸다. 나는 당시 군대에 입대하기 직전이었는데 친구가 출시하자마자 구매한 아이폰을 보고 "무슨 이름도 없는 미국 핸드폰을 수십만 원을 주고 사냐"라고 핀잔을 주었다. 당시 전 세계 핸드폰 점유율 1위는 핀란드의 노키아였고 2위가 삼성전자였다. 나는 삼성전자와 LG전자에서 출시한 2G 폴더폰 등을 사용해왔다. 이러한 나의 예상은 애플의 신기술 앞에서 완전히 빗나갔다.

아이폰으로 대표되는 애플은 전자기기의 혁신을 더해가고 있다. 스마트폰뿐만 아니라 노트북, 컴퓨터, 스마트 워치, 그리고 2025년에는 애플 카Apple Car라는 전기 자동차를 출시할 예정이라고 한다. 이들은 어떻게 이러한 성공가도를 달리게 되었을까? 애플이 성공할 수 있었던 여러 요소가 있지만 그중에서도 디자인은 그들의 핵심 요소다. 애플은 현대인의 수요를 정확하게 간파한 미니멀한 로고와 색채, 형태 디자인으로 사람들의 시선을 사로잡았다. 복잡하게 돌아가는 현대 사회에서 사람들은 더 이상 휘황찬란한 핸드폰에 매력을 느끼지 못하게 되었고 단순한 디자인에 손가락 하나로 모든 것을 컨트롤할 수 있는 아이폰은 분명 특별했다. 애플의 디자인은 한순간에 나오지 않았다. 이들도 분명 무명인 때가 있었다. 이제 애플의 디자인과 그들의 성공적인 판매 전략을 파헤쳐 보기 위해 뉴욕으로 가보자.

요즘에는 서울에도 애플의 제품을 판매하는 스토어가 많이 생겨나고 신사동과 여의도에는 애플 스토어도 개점했다. 특히 신사동의 애플 스토어는 독립 건물로 이루어져 있다. 이러한 형태로 구성된 애플 스토어의 원조가 바로 뉴욕에 있다. 뉴욕에는 23개의 애플 스토어가 있는데, 뉴욕의 쇼핑거리인 5th 애비뉴의 애플 스토어는 그중에서도 가장 대표적이다. 5th 애비뉴의 애플 스토어는 뉴욕에서는 소호에 이어 두 번째, 전 세계에서 147번째로 오픈한 애플 스토어다. 5th 애비뉴의 애플 스토어는 약 500개의 애플 스토어 중에서도 특별한 스토어로 알려져 있다. 바로 이곳의 공간 디자인 때문이다. 뉴욕을 여행하는 사람은 5th 애비뉴의 애플 스토어를 자연스럽게 방문하게 된다. 브라이언트 파크에서 휴식을 즐기다 5th 애비뉴를 따라 쇼핑을 하며 걸어가다 보면 어느새 센트럴 파크 주변에 있는 애플 스토어를 마주하게 된다. 5th 애비뉴의 애플 스토어는 외관부터 독특하고 미니멀하다. 유리 박스 안에 그들의 시그니처 로고인 사과가 매달려 있고 제품들은 밖에서는 보이지 않고 지하에 숨겨져 있는 독특한 상점이다.

5th 애비뉴의 애플 스토어는 일반적인 상점과는 다른 형태의 스토어다. 보통 상점을 지나다니면 들어가기 전에 투명한 유리 뒤에 진열된 상품들을 보게 된다. 이는 상점 주인이 거리에 있는 사람들을 유혹하는 제스처다. 무언의 유혹인 것이다. 우리 상점에 들어오면 이런 상품들이 있으니까 들어와서 구경하고 구매해달라는

애플 스토어 5th 애비뉴

뜻이다. 반면 애플 스토어는 모든 상품이 지하공간에 진열되어 있다. 가장 유동인구가 많은 지상에는 투명한 유리 박스만 있고 애플 스토어라는 것을 알리는 그들의 로고가 위에 매달려 있을 뿐이다. 모든 상품이 숨겨져 있다. 이러한 형태의 상점은 일반 판매시설에서는 금기다. 물건을 보여주지도 않고 들어오라니? 이는 애플만이 가진 자신감의 표현이기도 하다. 또한 애플은 사람들이 이미 온라인으로 제품을 보고 이곳에 찾아온다는 사실을 알고 있다. 인터넷과 온라인 쇼핑이라는 트렌드를 잘 이용하여 미디어와 매체를 통한 홍보에 능통하다. 굳이 눈앞에서 보여줄 필요가 없다는 뜻이기도 하다.

애플 스토어의 투명한 유리 박스에 들어가면 원형 계단을 타고 내려가도록 설계되어 있다. 원형 계단을 두 바퀴 정도 돌아서 내려가면 비로소 애플 스토어의 넓은 지하상점이 펼쳐지고 고객 한 사람마다 애플 직원이 붙어서 응대하도록 되어 있다. 물론 구매자에 한해서만 일대일 서비스를 하며 구경하는 사람은 자유롭게 상품을 볼 수 있다.

애플 스토어의 지하공간은 특별하다. 일반적인 상점과는 다른 것을 한눈에 볼 수 있다. 보통 상점에 들어가면 벽면에 상품이 진열되어 있거나 조금 독특한 곳에 가면 천장에 제품이 매달려 있다. 애플 스토어는 어떨까? 이곳에서는 상품을 책상에 기대어 보도록 디자인되어 있다. 주요 제품인 아이폰과 아이패드, 맥북 같은 제품은 모두 책상 위에 올려져 있고 사람들은 책상에 기대거나 앉아서 구경한다. 애플 직원이 일대일로 상품을 보여주고 구매를 요청할 때도 손님은 책상에 앉아서 기다린다. 이는 굉장한 차이를 가져온다. 책상에 기대어 제품을 본다는 것은 우리가 일상적인 공간에서 이 제품들을 사용할 때 보이는 행태와 유사하다. 직장에서든 학교에서든 스마트폰이나 노트북을 사용할 때 책상 위에 놓고 사용하는 시간이 가장 많다. 지하철에서 이동하는 1~2시간을 제외하고 스마트폰과 노트북은 대부분 책상 위에서 사용한다. 애플은 이러한 사람들의 행태를 간파한 것이다. 애플의 스마트폰을 일상의 핵심 행태로 가져온 것이다. 반면에 비주류 제품인 폰 케이스나 이어폰, 스마트폰 액세서리 등은 벽면에 전시되어 있다. 일반적인 상점과는 다른 공간 구성을 보여주는 애플 스토어다.

이렇게 다른 상점과는 차별화된 전략의 공간을 가진 애플 스토어는 어떻게 생겨났을까? 첫 번째 애플 스토어는 2001년 미국 버지니아주에 있는 타이슨 코너 센터Tyson Corner Center라는 쇼핑몰 안에 오픈했다. 이후 25개 나라에 516개의 애플 스토어가 오픈되었다. 애플 스토어는 이렇게 세계적으로 흥행하고 있지만 초반기에는 어려움을 겪었다.

1990년대 후반 애플의 CEO인 스티브 잡스는 '스토어 안의 스토어'라는 자신의 애플 스토어 공간 콘셉트가 실패하자 론 존슨Ron Johnson, 1958~ 이라는 리테일 사업 전문가를 영입한다. 론 존슨은 고객과의 관계를 중시하는 고객 친화형 공간을 구현하기 위해 상점의 위치, 내부 서비스 시스템, 상품의 배치 및 레이아웃, 재고관리 라인까지 모든 것을 총괄했다. 스티브 잡스는 그의 도움에 힘입어 1997년에 애플 온라인 스토어를 오픈했고 2001년에는 두 개의 애플 스토어를 열게 된다.

언론에서는 애플 스토어가 실패할 것이라고 예상했지만 론 존슨의 전략은 성공하고 3년 만에 1조 원 매출을 달성한다. 스티브 잡스는 이때부터 애플 스토어에 확신을 갖게 되고 공간 디자인을 통한 공격적인 마케팅에 돌입한다. 이들은 보린 키빈스키 잭슨 Bohlin Cywinski Jackson이라는 건축가 그룹과 긴밀하게 소통하며 스토어 디자인의 정체성을 확립해나간다. 이러한 애플의 주요 전략과 공간을 보여주는 곳이 애플 스토어 5th 애비뉴다.

애플 스토어의 공간적인 정체성에 대해 살펴보자. 애플 스토어는 미니멀한 디자인과 인테리어 색채, 가구 디자인 등이 특징이다. 특히 애플 스토어에 있는 유리 박스와 유리 계단은 독보적이다. 이러한 그들의 디자인은 디자인 특허를 받을 정도로 현대적인 기술과 독특한 공간이 잘 조화를 이룬다. 이는 투명한 유리 큐브 안에 원형의 유리 계단이 설치된 애플 스토어 5th 애비뉴에도 나타나는 특징이다. 고객 입장에서 얇은 유리 계단을 걸어서 오르내린다는 것은 약간의 불안감과 긴장감이 들기도 한다. 이 유리 계단을 자세히 보면 16mm짜리 유리가 세 겹으로 겹쳐 있다. 구조적으로 약한 유리로 계단을 만들다 보니 이러한 디테일이 구현된 것 같다.

지하공간으로 내려가면 전체적으로 벽과 바닥, 천장이 흰색으로 바탕을 이루고 있으며 내부 가구들은 모두 목재로 이루어져 있다. 굉장히 심플하고 깔끔하다는 인상이 먼저 든다. 마치 덴마크나 노르웨이, 스웨덴에서 유행하는 스칸디나비안 디자인이 연상되기도 한다. 스웨덴의 가구 브랜드 이케아 같기도 하다.

이렇게 미니멀한 인테리어 디자인 안에서 애플이 만들어낸

애플 스토어 지하공간과 유리 계단

고도의 테크놀로지를 가진 제품들은 당연히 빛날 수밖에 없다. 아날로그와 디지털이 적절하게 조화를 이루는 것이다. 이러한 공간적 특징은 그들의 본사인 애플 캠퍼스 2에도 나타나 있다. 거대한 원형 우주선 같은 저층의 오피스 빌딩 안에 또 다른 원형의 중정이 설치되어 자연과 인공의 공간이 융합되어 있다.

애플은 2010년대 중반 이후 프리츠커 건축상을 받은 영국의 건축가 노먼 포스터Norman Foster, 1935~ 와 함께 협업하고 있다. 애플의 캘리포니아 본사인 애플 캠퍼스 2와 뉴욕의 애플 스토어 5th 애비뉴의 리노베이션, 서울 신사동 애플 스토어 등이 노먼 포스터의 디자인으로 완성된 애플의 건축물이다. 노먼 포스터는 기존 애플 스토어의 정체성을 유지하고 계승하면서 공간적으로 좀 더 개방적인 분위기를 만들어낸다. 5th 애비뉴의 애플 스토어도 유리 큐브 박스 주변 광장에 원형의 천창을 만들어 지하상점에 자연 채광을 적극적으로 유입시켰고 유리 계단에는 반사되는 스틸을 설치하여 사람들의 움직임을 스토어 내부에서 볼 수 있도록 했다. 움직이는 사람들이 마치 애플 아이폰을 통해 동영상을 보는 듯하다.

애플이 만들어내는 공간은 단순히 일하고 판매하는 공간을 넘어선다. 애플의 업무공간은 직원들이 서로 어우러지면서 자유롭게 일할 수 있도록 만들었으며 애플 스토어는 불특정 다수가 상점 내부에서 애플의 디지털 기술을 바탕으로 새로운 문화를 만들어내고 있다. 애플이 가진 진정한 힘은 이렇게 사람들이 소통할 수 있는 플랫폼으로서의 공간을 온라인과 오프라인에 만드는 데 있을 것이다.

펜트하우스 in 뉴욕

뉴욕에서 유럽의 성채 같은 곳에 산다면?

뉴욕은 빌딩숲이라고 불릴 만큼 고층 빌딩이 즐비하다. 뉴욕에서 펜트하우스는 1920년대부터 상품화되었고 2000년대 이후 오피스 빌딩뿐만 아니라 고층 럭셔리 아파트가 많이 들어섰으며 최고층 펜트하우스의 가치는 상상을 초월한다. 뉴욕의 펜트하우스에서는 뷰View가 가장 중요하다. 아파트가 어느 위치에 있느냐에 따라, 어떤 방향으로 창문이 나 있는지에 따라 펜트하우스의 가치가 달라질 수 있다. 예를 들면 엠파이어 스테이트 뷰나 센트럴 파크 뷰는 좀 더 프리미엄이 붙어서 팔릴 가능성이 크기 때문에 건축가와 디벨로퍼가 더욱 신경 써서 디자인을 하게 된다. 뷰가 좋은 방향으로 창문을 적극적으로 디자인하거나 테라스를 만든다. 서울로 치면 한강 뷰나 남산 뷰를 가진 아파트가 더욱 비싸게 팔리는 원리와 같다. 특히 서울 한강변에 있는 반포동, 압구정동, 성수동 등의 아파트들의 가치는 상상을 초월한다.

뉴욕에는 펜트하우스가 많이 있는데 그중에서도 굉장히 독특한 유닛이 있다. 로어 맨해튼 지역에 신고딕 양식으로 지은 울워스 빌딩Woolworth Building 의 펜트하우스. 우리는 유럽을 여행할 때 중세 유럽의 성당과 성채에서 과거 귀족들의 삶을 간접적으로 느끼게 된다. 부와 권력을 가진 그들의 삶은 화려함 그 자체였다. 남들이 가질 수 없는 장신구와 사적인 공간, 심지어 하인까지 부리며 살았던 그들의 삶은 자본주의 체제에서도 비슷한 형태의 욕망으로 나타난다. 울워스 빌딩의 펜트하우스는 뉴욕에서 유럽풍의 건축 공간과 귀족적인 삶을 누릴 수 있는 몇 안 되는 주거 유닛이다.

울워스 빌딩은 1913년에 건축가 카스 길버트Cass Gilbert, 1859~1934가 설계하여 완성한 뉴욕 초고층 빌딩 역사의 시초 같은 건축작품이다. 높이 241m, 총 58층으로 구성된 울워스 빌딩은 로어 맨해튼의 랜드마크로 지정된 역사적인 건축물로 관광 명소이기도 하다. 241m의 울워스 빌딩과 비슷한 높이의 빌딩으로는 서울 여의도에 있는 249m 높이의 63빌딩이 있다.

울워스 빌딩은 내가 근무했던 로어 맨해튼에 있어서 출퇴근할 때와 점심시간에 매일 지나치며 자세히 볼 기회가 있었다. 높고 뾰족한 첨탑과 굉장히 복잡한 디테일의 장식으로 마감한 벽체

1913년 당시 가장 높은 건물이었던
울워스 빌딩 모습

현재 울워스 빌딩 모습

와 창문은 보통의 건축물 이상이라는 느낌이 든다. 또한 웅장하면
서 정적인 분위기와 함께 유럽의 성이나 성당을 떠올리게 하는 외
관 때문에 신비로운 분위기가 느껴진다. 이렇게 고풍스러운 울워
스 빌딩의 최고층에 있는 펜트하우스에 대해 살펴보자.

　　울워스 빌딩의 펜트하우스는 뉴욕에서 가장 비싸게 거래되
는 아파트 중 하나다. 이곳은 2017년 기준으로 한국 돈 약 1,300억
원에 시장에 나왔고 2021년에는 약 940억 원부터 거래가 시작되
었다. 가격이 조금 떨어졌지만 1,000억 원을 호가한다. 완공된 지
100년이 넘은 빌딩의 펜트하우스가 2010년대에 지은 432 파크 애

비뷰 타워나 젠가 타워의 펜트하우스 가격과 비교될 만큼 엄청난 가격을 자랑하는 것이다. 울워스 빌딩 펜트하우스의 매력은 무엇이기에 이렇게 높은 가격에 거래되고 있을까? 우선 울워스 빌딩은 1913년에 지어진 이후 1930년에 40 월 스트리트 빌딩이 지어지기 전까지 세계에서 가장 높은 빌딩이었다. 마치 고딕 성당을 떠올리게 하는 외관 디자인으로 완공 직후에는 '상업의 대성당The Cathedral of Commerce'이라는 별칭이 붙기도 했다. 빌딩의 대부분은 오피스로 사용되며 뉴욕시청사 서쪽 건너편의 브로드웨이와 면하고 있다. 로어 맨해튼 상업의 중심지에 있는 것이다. 울워스 빌딩에서 브로드웨이를 따라 걸어 올라가면 소호 거리에 닿을 수 있다.

울워스 빌딩의 건축가 카스 길버트는 보자르 건축의 전통으로 교육을 받았다. 보자르 건축 교육방식으로 유명한 매사추세츠 공과대학교MIT에서 공부한 그는 뉴욕에서 보자르 건축의 대가인 매킴, 미드 & 화이트McKim, Mead & White의 사무실에서 실무를 익힌다. 이러한 교육과 실무적 배경은 울워스 빌딩의 디자인에서도 나타난다. 정확히 비례를 이루는 입면, 고딕 양식에서 영감을 받은 듯한 고전적인 파사드와 건축형태, 외벽에 새긴 장식과 디테일 등이 인상적인데, 울워스 빌딩의 설계에서 가장 주목해 보아야 할 것은 카스 길버트가 뉴욕 초고층 빌딩의 선구자라는 사실이다. 그가 울워스 빌딩을 완성한 1913년은 아직 아르데코 건축의 고층 빌딩이 유행하지 않은 시기였고 이전까지 최고 높이의 빌딩이었던 메트 라이프 타워보다 약 28m나 높게 지은 것이다. 울워스 빌딩은 고딕 건축과 보자르 건축이 오묘하게 결합된 새로운 초고층 건축이다. 이때는 1916년 조닝 규제가 제정되기 전이기 때문에 타워와 첨탑이 도로에 면하여 높이 솟아오를 수 있었다.

울워스 빌딩은 개발사인 F. W. 울워스 앤드 컴퍼니F. W. Woolworth & Co가 1998년까지 소유했고 현재는 위트코프 그룹Witkoff Group이 운영하고 있다. 위트코프 그룹은 2012년에 최고층 30개를 앨커미 자산운용사에 팔고 울워스 빌딩의 고층부를 주거용으로 바꾸기로 한다. 펜트하우스도 계획에 포함되어 있었는데 그들은 "하늘에 놀라운 성Castle을 만드는 방법을 고안했다"라고 하며 새로운 울워스 빌딩에 정체성을 부여했다. 빌딩의 다른 부분을 모두 가리고 펜트하우스만 보면 마치 중세 유럽의 성을 떠올리게 한다.

울워스 빌딩의 펜트하우스는 6개층으로 구성되어 있다. 울워스 빌딩의 성채 같은 첨탑 부분 내부를 모두 사용할 수 있다는 의미다. 6개 층은 모두 약 900평이며 프랑스 건축가이자 인테리어 디자이너인 티에리 데퐁Thierry Despont, 1948~ 이 디자인했다. 티에리 데퐁은 1980년대 자유의 여신상 복원 프로젝트, 로버트 A. M. 스턴Robert A. M. Stern의 220 센트럴 파크 타워, 장 누벨Jean Nouvel의 53 W 53 타워의 인테리어를 디자인했다. 그는 첨탑 부분에 창문 24개를 더 설치하여 도시의 뷰를 확보하고 펜트하우스에 적합한 마감재로 고풍스러운 분위기를 연출했다. 또한 다른 주거 유닛을 위해 라운

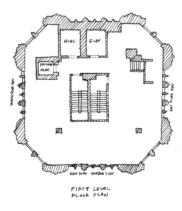

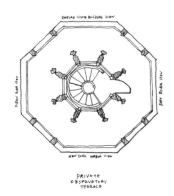

울워스 빌딩 펜트하우스 평면도 스케치

지와 어메니티 공간을 추가했다.

　울워스 빌딩의 꼭대기 층 펜트하우스는 울워스 빌딩 특유의 고풍스러운 분위기와 함께 맨해튼 도시뷰를 즐길 수 있다는 점이 특징이다. 6개 층이 모두 계단으로 연결되며 펜트하우스 전용 엘리베이터를 설치하여 거실이 있는 펜트하우스의 3층까지 바로 도달할 수 있다. 또한 최상층에는 원형 계단으로 구성된 전용 도서관이 있고 이 계단을 통해 꼭대기로 올라가면 펜트하우스 전용 전망대가 있다. 전망대에서는 맨해튼의 뷰를 360도로 감상할 수 있으며 울워스 빌딩 특유의 성채 같은 첨탑을 직접 볼 수 있다. 6개 층이 마치 유럽의 궁전처럼 구성된 듯하다. 중세 시대 황제가 성의 가장 높은 곳에서 자신의 권위를 드러냈다면 울워스 빌딩의 펜트하우스

소유자는 뉴욕의 하늘에서 자신의 부를 드러내는 것일까?

울워스 빌딩의 펜트하우스는 6개 층을 사용한다는 점에서 특별하다. 한국 드라마 〈펜트하우스〉에서 주단태의 펜트하우스는 2개 층으로 구성된 듀플렉스 형태인데 울워스 빌딩의 펜트하우스는 4개 층이 위쪽으로 더 있는 것이다. 또한 현대적으로 디자인한 사각형 창문이 아닌 고딕 성당을 떠올리게 하는 뾰족 아치Pointed Arch 형태의 창문과 상부에 설치한 클리어스토리Clearstory 창문은 울워스 빌딩의 고풍스러움을 더욱 강조한다. 테라스로 나가면 아르누보Art Nouveu에서 영감을 받은 듯한 특유의 테라코타Terracotta 및 산화구리Patinated Copper 조각 장식이 설치되어 마치 20세기 초반의 뉴욕에 와 있는 듯한 분위기를 느낄 수 있다.

울워스 빌딩의 천장고는 어떨까? 펜트하우스 1층의 천장고는 3.3m이며 거실이 있는 3층은 두 개 층이 오픈되어 천장고가 7.9m나 된다. 한국 아파트의 천장고가 2.4m인 것을 감안하면 엄청난 높이다. 일반적으로 천장

시공 중인 울워스 빌딩(1913)

고가 높거나 현관이 큰 집은 부자들의 집이라고 알려져 있는데 그것이 사실인 셈이다.

펜트하우스에 산다는 것은 다른 모든 거주민보다 높은 위치에서 모든 것을 내려다볼 수 있다는 일종의 권력과 같다. 고대나 중세 시대에 왕이 가장 높은 자리에 앉아서 신하들을 내려다보는 것과 유사하다. 왕은 높은 위치에서 신하들의 얼굴을 내려다보고, 신하들은 높은 위치에 있는 왕의 얼굴조차 바라보지 못하는 계층적 원리Hierarchy가 현대 시대의 펜트하우스에도 유사하게 적용되는 것 같다. 왕이 전용 의자에 앉아 어로로 행차해 신하들과 백성들을 접견하듯이 펜트하우스의 거주민들은 펜트하우스 층에만 멈추는 전용 엘리베이터를 타고 꼭대기까지 올라간다. 또한 대부분의 펜트하우스 내부에는 일하는 사람이 머무는 방이 따로 있다. 자본주의에서 돈을 가진 사람이 왕처럼 누릴 수 있다는 것을 펜트하우스가 보여준다. 펜트하우스는 실내 마감재료와 평면 구성도 아래층의 아파트와는 다르다.

뉴욕 라파엘 비뇰리의 사무소에서 일할 때 럭셔리 타워의 펜트하우스 평면 디자인을 맡은 적이 있다. 타워 한 층의 전체 또는 절반을 사용하며 360도 뷰를 가지는 펜트하우스는 최고급 재료와 넓은 거실, 대리석으로 마감한 욕실, 웬만한 1 베드룸 유닛의 전체 크기와 비슷한 마스터 베드룸 스위트 등이 있다. 이러한 펜트하우스를 디자인하면서 이런 것이 진정한 부라는 생각이 들기도 했다.

울워스 빌딩의 펜트하우스. 900평 규모에 뉴욕에서 역사적 랜드마크로 지정된 빌딩의 꼭대기 6개 층을 가질 수 있는 집. 게다가 뉴욕의 도시뷰를 파노라마처럼 향유할 수 있는 이곳. 이 모든 것을 가질 수 있기에 1,000억 원의 가격표가 그다지 비싸 보이지는 않는다. 사실 1,000억 원이면 빌딩을 몇 채 지을 수 있는 돈이기는 하지만 말이다. 정말로 특별한 한 가정을 위해서만 존재하는 펜트하우스. 드라마 〈펜트하우스〉에서 나오는 헤라 팰리스처럼 초대되지 않은 일반인은 펜트하우스 층에 접근조차 할 수 없다. 펜트하우스는 진정 이 시대 욕망의 산물일까? 울워스 빌딩의 고풍스러운 분위기와 펜트하우스가 뉴욕의 20세기 초반을 상징하는 듯하다.

뉴욕의 젠가 블록

테라스와 발코니로 이루어진 젠가 타워

뉴욕을 여행하다 보면 독특한 빌딩을 보게 된다. 마치 보드게임방에서 젠가 블록 게임을 하는 듯한 형태의 빌딩이 우뚝 솟아 있는 것이다. 그래서 이 빌딩의 별칭은 젠가 타워다. 공식 명칭은 56 레너드 스트리트56 Leonard Street 이며 로어 맨해튼의 트라이베카Tribeca 지역에 2017년 완성되었다. 뉴욕에서 주거공간의 평균 렌트비가 가장 비싼 지역 중 하나인 트라이베카 지역은 2021년 기준으로 한 달 평균 월세가 한국 돈 약 600만 원이다. 뉴욕에서 리틀 이탈리아 지역과 함께 두 번째로 월세가 비싼 곳이다. 참고로 월세가 가장 비싼 지역은 로어 맨해튼에 있는 약 660만 원의 배터리 파크 시티다. 트라이베카 지역은 역사적이고 고풍스러운 건축물과 도시 콘텍스트가 현대적인 빌딩들과 잘 어우러져 있다. 소호 지역과 연계되어 교통도 발달했다. 소호와 노호, 로어 맨해튼 사이에 위치한 덕분에 주거와 상업이 고르게 발달했다. 이러한 지역에 젠가 블록 같은 빌딩이 있다니?

젠가 타워는 250m, 60층으로 구성된 초고층 럭셔리 주거 빌딩이다. 젠가 타워는 초럭셔리 아파트답게 최고층의 펜트하우스 역시 독특하다. 젠가 타워의 펜트하우스는 2021년 기준으로 한국 돈 약 600억 원에 거래계약이 진행되었다. 무엇이 이 펜트하우스를 600억 원의 가치를 가지도록 만들었을까?

먼저, 젠가 타워의 건축적 특징을 살펴보자. 빌딩 전체에 매스의 셋백으로 만든 테라스와 돌출형 발코니를 설치하여 주거 유닛 내외부 공간의 소통이 용이하다는 점이 주요 특징이다. 따라서 젠가 타워에서는 반듯하게 유리로 마감하여 유리 외벽의 일부만 창문으로 여닫을 수 있는 일반적인 아파트와는 다른 공간적 경험을 할 수 있어서 사용자에게 최적화된 공간 환경을 제공한다. 젠가 타워를 디자인한 건축가는 스위스 출신의 듀오인 헤어초크 & 드 뫼롱Herzog & de Meuron 이다. 자크 헤어초크Jaques Herzog, 1950~ 와 피에르 드 뫼롱Pierre de Meuron, 1950~ 은 1978년부터 스위스 바젤을 기반으로 활동하고 있으며 2001년에는 건축계 최고 영예인 프리츠커 건축상을 수상했다. 그들은 스위스 취리히 연방공과대학교ETH Zurich 에서 건축을 공부한 친구이며 졸업 후 함께 회사를 운영하고 있다.

헤어초크 & 드 뫼롱은 트라이베카 지역과 뉴욕의 주거공간을 어떻게 해석했을까? 앞서 언급했듯이 젠가 타워의 중요한 건축적 특징은 테라스와 발코니다. 그들은 2009년에 레바논에 베이루트 테라스Beirut Terraces라는 빌딩을 통해 이러한 테라스 공간을 탐구하고 실현한 경험이 있다. 그래서 젠가 타워도 유사한 건축적 전략으로 뉴욕의 주거를 새롭게 정의하고자 한 것이라는 생각이 든다. 역시 건축가나 아티스트의 역작이 있기 전에는 습작 과정이 필수적이다. 그들은 뉴욕의 밀도에 맞춘 높이와 건축형태의 셋백으로 젠가 타워를 디자인했다. 베이루트 테라스에서 그들이 복잡한 레이어를 통해 구현한 것보다는 조금 소극적이지만 젠가 타워는 뉴욕의 밀도와 도시적인 콘텍스트에 더 적극적으로 반응하고 있다. 매스가 이쪽저쪽으로 후퇴하면서 테라스와 발코니 공간을 만들어낸다. 저층부는 발코니를 중심으로 이러한 공간을 디자인했다면 상층부와 펜트하우스는 매스가 픽셀화된 것처럼 복잡한 테라스 공간을 디자인했다.

젠가 타워의 아파트 유닛들은 건축형태를 사방으로 돌출시키고 후퇴시키는 기법으로 형성된 테라스와 발코니가 굉장히 인상적이다. 젠가 타워의 주거공간은 코로나 시대에도 유용해 보인다. 내부와 외부 공간 모두를 사적인 영역으로 만들 수 있기 때문이다. 한국의 아파트는 요즘 대부분 발코니를 확장하여 사용하기 때문에 이러한 공간이 별로 없는 것이 아쉽다. 내가 뉴욕에서 살았던 아파트 유닛에는 젠가 타워의 발코니처럼 작은 돌출형 테라스가 있는데 2020년에 코로나 바이러스가 창궐한 이후 테라스가 주요 공간으로 바뀐 적이 있다. 웬만해서는 잘 나가지도 않던 테라스에서 밥을 먹고 휴식을 즐기고 팔굽혀펴기 같은 간단한 운동도 한 것이다. 젠가 타워의 테라스나 발코니는 일상에서 흔히 볼 수 있는 공간이지만 눈여겨보지 않는 공간이다. 헤어초크 & 드 뫼롱은 젠가 타워의 독특한 디자인을 통해 수년 후, 수십년 후의 도시 뉴욕이 필요한 공간을 만든 것이 아닐까? 실제로 이들이 의도했는지는 모르지만 이런 것이 선견지명일 것이다.

젠가 타워의 펜트하우스에 대해서도 살펴보자. 젠가 타워의 펜트하우스는 두 개 층으로 구성된 듀플렉스다. 이곳의 최고층 펜트하우스 유닛은 약 722평의 면적에 침실 5개와 화장실 6개로 구성되어 있다. 이 펜트하우스의 가장 강력한 특징은 역시 테라스다. 테라스 세 개를 모두 합친 면적은 약 116평에 달한다. 일반적인 아파트의 면적이 100평을 넘으면 굉장히 큰 유닛인데 젠가 타워 펜트하우스의 테라스가 116평이라는 것은 극단적인 럭셔리함을 위해서일까? 게다가 가장 높은 부분의 천장고는 약 6m이며 펜트하우스 층에만 서는 프라이빗 엘리베이터도 두 대가 있다. 펜트하우스의 1층이 메인 층이고 2층은 오피스 또는 대형 침실로 사용할 수 있다. 1층에는 테라스가 남서쪽과 북쪽에 있고 2층에는 남동쪽에 테라스가 디자인되어 있다. 한마디로 젠가 타워의 펜트

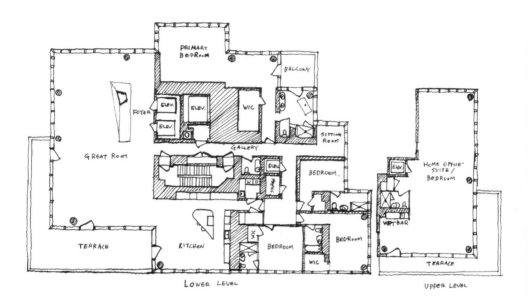

PRIMARY BEDROOM

BALCONY

FOYER

ELEV.

ELEV.

ELEV.

WIC

SITTING ROOM

GREAT ROOM

GALLERY

ELEV.

HOME OFFICE SUITE / BEDROOM

BEDROOM

W D

STORAGE

WET BAR

ELEV.

TERRACE

KITCHEN

WIC

BEDROOM

WIC

BEDROOM

TERRACE

LOWER LEVEL

UPPER LEVEL

젠가 타워 평면도 스케치

하우스에서는 뉴욕의 동서남북을 파노라마처럼 볼 수 있다는 것이다. 또한 외벽을 모두 유리로 마감해 개방감이 상당하다. 투명한 유리가 마치 뉴욕의 도시를 담는 픽처 프레임처럼 기능하고 있다.

젠가 타워는 독특한 주거 유닛들이 가장 큰 특징이지만 저층부와 반응하는 기법 또한 눈여겨보아야 한다. 1층 로비의 외부에 현대 조각가 애니시 커푸어Anish Kapoor, 1954~ 의 작품인 〈콩Bean〉을 갖다놓은 것이다. 젠가 타워의 계획안에는 애니시 커푸어의 작품을 설치하기로 했는데 오픈하고 몇 년이 지난 2021년에 설치한다. 현대 미술의 거장인 애니시 커푸어와 현대 건축의 거장 헤어초크 & 드 뫼롱의 작품이 공존한다는 것은 말로만 들어도 설렌다. 애니시 커푸어의 작품은 기하학적이면서 단순한 형태의 조각품에 거울처럼 반사되는 재료로 마감한 것이 특징이다. 시카고에 설치한 〈클라우드 게이트Cloud Gate〉가 대표작이며 젠가 타워에 설치한 작품인

젠가 타워 꼭대기 부분

〈콩〉과도 닮았다. 그는 반사되는 조각품을 통해 도시와 자연을 비추고자 한 것일까?

헤어초크 & 드 뫼롱의 건축은 파격적이고 공격적이다. 젠가 타워를 비롯하여 그들이 설계한 뉴욕의 퍼블릭 호텔PUBLIC Hotel, 40 본드 스트리트40 Bond Street 빌딩, 도쿄의 아오야마 프라다 스토어Prada Aoyama와 미우미우 스토어Miu Miu Aoyama, 그리고 2021년에 완성한 서울 청담동의 송은아트센터까지. 이들의 건축에는 거침이 없다. 독특한 패턴의 외피와 구조, 재료적 표현으로 새로운 공간을 창조하는 것이 인상적이다. 뉴욕 맨해튼 바워리 지역에 있는 퍼블릭 호텔은 격자형 구조로 이루어진 콘크리트 기둥과 벽체를 외부에 노출시키면서 송판 노출 콘크리트의 재료적 표현으로 저층부의 조경과 어우러지는 자연적인 조화가 흥미로워 보인다. 이는 송은아트센터에서 보이는 외벽의 패턴과도 비슷하다. 그들의 건축은 도시에서 아이코닉하면서 강력한 오브제로 우뚝 서 있다.

그들이 한국에 처음으로 완성한 청담동의 송은아트센터는 2021년 오픈 직후 한국 건축계가 주목하는 작품이 되었다. 복잡한 노출콘크리트 패턴이 사방으로 배치되며 새겨진 외벽으로 구성되어 있다. 이집트 상형문자가 떠올랐다. 송판 노출 콘크리트 문양이 마치 상형문자처럼 형태와 패턴이 복잡하게 구성되어 있어서 헤어초크 & 드 뫼롱다운 재료적 표현이라는 생각이 들었다. 시공의 난이도도 상당해 보였다. 건축적 형태는 단순한 삼각형이다. 이들이 송은아트센터를 설계하며 한국에서 진행한 인터뷰에 따르면 "강남 지역은 도시적 콘텍스트가 없다"라는 결론을 내렸다고 한다. 이는 도시가 가진 고유한 특징이 없다는 말과도 같다. 외국 건축가가 평가한 강남의 거리가 크게 공감이 가지는 않지만, 헤어초크 & 드 뫼롱은 단순한 삼각형 형태를 제안하며 청담동 지역의 도시를 나름대로 재해석하고자 한 것이 아닐까? 이들이 디자인한 송은아트센터가 청담동 지역과 앞으로 얼마나 조화를 이룰지 지켜보자.

송은아트센터의 외벽 패턴

뉴요커가 공원과 도시를 누리는 비법

브라이언트 파크와 맨해튼 도시를 품은 더 브라이언트 빌딩

뉴요커가 되었다는 상상을 한번 해보자. 뉴욕에서 우리는 어디에 살지 결정해야 한다. 뉴욕에서 집을 알아보면 여러 가지 요소 중에서도 뷰가 좋은 곳이나 강변, 또는 공원이 근처에 있는 곳으로 가고 싶어진다. 만약에 뉴요커가 사랑하는 공원이 우리가 사는 집 바로 앞에 있다면? 상상만으로도 행복하다. 실제로 이러한 곳이 있다. 브라이언트 파크 앞에 있는 더 브라이언트 빌딩The Bryant 이다. 2021년에 완성된 이 건축물은 110m, 32층으로 이루어진 빌딩이며 저층부 6층까지는 호텔로, 상층부는 주거 유닛으로 사용하고 있다. 이 빌딩의 가장 큰 특징은 역시 브라이언트 파크가 눈 앞에 있다는 것이다. 아파트에서 나가 20초만 걸으면 브라이언트 파크에 갈 수

브라이언트 파크와 더 브라이언트 빌딩

있다. 또한 꼭대기에 올라가면 북쪽으로 미드타운 맨해튼의 도시
가 보이고 남쪽으로는 뉴욕의 랜드마크인 엠파이어 스테이트 빌딩
이 보인다. 이곳에 어느 누가 살고 싶지 않을까? 더 브라이언트의
건축가는 영국 출신인 데이비드 치퍼필드David Chipperfield, 1953~ 다.

솔직히 나는 더 브라이언트가 시공 중일 당시에 답사했을 때
큰 감흥을 받지는 못했다. 이렇게 좋은 땅에, 뉴욕에 짓는 일반적
인 아파트나 호텔 건축과 별반 다름없는 단순한 건축물을 짓기 위
해 대서양 건너편 영국 런던에 있는 데이비드 치퍼필드를 섭외하

면서까지 설계를 맡겨야 했을까? 나의 실망감과 아쉬움은 더 브라이언트가 완성된 이후 풀렸다. 더 브라이언트가 완공된 후, 브라이언트 파크에 산책하러 갔을 때 다시 본 더 브라이언트는 새로움 그 자체였다. 고전 건축 같으면서도 현대적이고 오히려 단순미와 고전미의 융합이 건축물을 더욱 세련되게 만드는 듯했다.

가장 먼저 눈에 들어온 것은 외벽 디테일이었다. 데이비드 치퍼필드가 서울 아모레퍼시픽 본사의 디자인에서도 사용한 인조석 테라초Terrazo처럼 보였지만 프리캐스트 콘크리트Precast Concrete로 구성된 독특한 외관, 수평성과 수직성이 절묘하게 조화된 파사드의 이미지는 도시 뉴욕의 그리드 패턴을 건축물 이면에 형상화한 것 같았다.

저층부 호텔에는 브라이언트 파크를 볼 수 있는 야외 테라스가 있으며 아파트의 모든 유닛의 거실에는 난간을 설치하여 창문을 열면 거실이 테라스처럼 변하기도 한다. 이 테라스에서 바라보는 브라이언트 파크는 어떠할까? 아마도 왕복 2차선 도로를 경계로 가까이 있는 브라이언트 파크가 이곳에서 한눈에 들어올 것이다.

더 브라이언트의 평면도를 보면 그리스 건축의 기둥으로 구성된 그리스 아테네의 파르테논 신전 같

더 브라이언트 빌딩의 외벽

기도 하다. 정확히 비례를 이루고 외부 기둥의 육중함이 강조된 더 브라이언트는 고전미가 돋보인다. 이는 전형적인 데이비드 치퍼필드 건축의 표현이다. 그가 2018년에 완성한 제임스 사이먼 갤러리 James Simon Galerie를 보면 사이트 옆에 이미 지어진 건축물의 열주를 현대적인 표현 요소와 결합하여 자연스럽게 조화시키는 건축적 언어가 인상적이다. 또한 영국 런던에 있는 원 팬크라스 스퀘어One Pancras Square, 2013 빌딩은 더 브라이언트보다 더욱 고전미가 강조된 건축물이다. 이 빌딩의 평면도는 파르테논 신전과 정말 많이 닮았다. 빗살무늬 패턴으로 디테일이 구성된 열주가 빌딩의 파사드에 드러나 있다. 고전적이면서 현대적이다. 포스트모더니즘 건축의 거장인 알도 로시Aldo Rossi, 1931~1997의 유작인 뉴욕의 스칼러스틱 빌딩Scholastic Building, 2001의 파사드처럼 기둥과 비례가 강조된 데이비드 치퍼필드의 건축이다.

　　더 브라이언트 빌딩의 펜트하우스는 어떻게 구성되어 있을까? 한국 돈으로 약 187억 원에 거래되는 초럭셔리 주거 유닛인 이곳의 펜트하우스는 세 개 층을 사용하는 트리플렉스 유닛이다. 지붕의 옥외 공간을 포함한 면적은 약 492㎡(약 150평)다. 평당 약 1억 2천만 원이다. 이 펜트하우스에서는 브라이언트 파크를 한눈에 내려다볼 수 있을 뿐만 아니라 남쪽의 엠파이어 스테이트 빌딩, 북쪽의 록펠러 센터까지 가깝게 조망할 수 있는 뷰를 자랑한다. 펜트하우스는 세 개 층이 실내 계단으로 모두 연결되어 있으며 루프

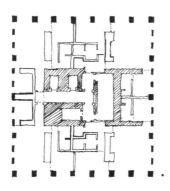

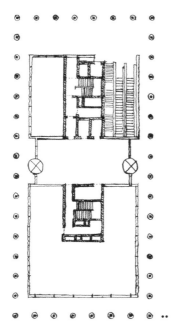

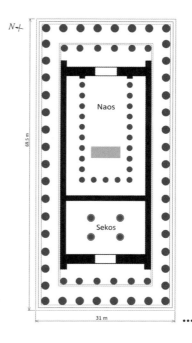

* 더 브라이언트 빌딩의 평면도 스케치
** 원 팬크라스 스퀘어의 평면도 스케치
*** 파르테논 신전의 평면도

탑Rooftop 까지 오르내릴 수 있다. 또한 더 브라이언트 빌딩의 외벽을 자세히 보면 꼭대기 층의 유리벽은 셋백되어 있다. 북쪽 브라이언트 파크 방향으로 사용자의 편의에 맞게 유연하게 사용할 수 있는 테라스가 있다는 의미다.

더 브라이언트의 트리플렉스 펜트하우스는 젠가 타워나 센트럴 파크 주변에 지은 초고층 타워들보다는 높이가 낮아서 미드타운 맨해튼의 도심을 한눈에 바라볼 수는 없다. 그러나 미드타운 맨해튼의 중심공원인 브라이언트 파크와 시각적, 공간적으로 연결되어 있다는 점은 더 브라이언트 펜트하우스의 가치를 높이는 하나의 요소다. 젠가 타워나 울워스 빌딩 주변에는 브라이언트 파크 같은 공원이 없기 때문이다. 나는 뉴욕의 공원들 중에서 브라이언트 파크를 가장 좋아하는데 빌딩으로 둘러싸인 맨해튼의 빌딩숲에서 초록빛의 잔디로 비워진 브라이언트 파크에 앉아 있으면 아주 편안하면서도 뉴욕 한복판에 있는 기분이 든다. 아마도 더 브라이언트의 펜트하우스 꼭대기에서 브라이언트 파크를 바라보면 이러한 기분이 들지 않을까?

펜트하우스는 이름 그 자체로 특별한 의미를 갖는 듯하다. 타워의 최고층에 나홀로 존재하는 펜트하우스. 다른 거주민은 펜트하우스가 있는 층에 접근조차 할 수 없다. 드라마 〈펜트하우스〉에서 주단태와 심수련이 전용 엘리베이터를 타고 펜트하우스를 오르내리는 것은 조금 극적으로 표현되긴 했지만 실제 있는 이야기다.

도시의 뷰를 360도로 즐길 수 있고, 넓은 층고와 거실, 5~6개 이상의 방, 최고급 실내 마감재로 장식한 펜트하우스는 도시의 성공한 사람들만 가질 수 있는 꿈과 같다. 드라마 〈펜트하우스〉에서 럭셔리 아파트를 배경으로 인간의 욕망을 극단적으로 그려냈지만 사실 우리가 사는 현실도 정도가 다르긴 해도 비슷할 것이다.

더 브라이언트는 뉴요커가 주거공간에 공원을 어떻게 끌어들이는지 잘 보여준다. 마치 뉴욕의 공원, 도시와 하나가 된 듯한 주거공간을 연출하고 있다. 창문만 열면 브라이언트 파크가 집의 마당처럼 보이고 뉴욕의 도시가 보인다. 집을 나가면 바로 앞의 브라이언트 파크 잔디밭에서 커피를 마시고 근처 빵집에서 브런치도 먹을 수 있다.

많은 사람이 마당이 있는 집을 꿈꾼다. 사적인 마당이 집집마다 있으면 좋지만 현대 시대에 세대마다 마당을 갖는 것은 현실적으로 불가능하다. 그렇다면 어떻게 공원과 주거공간을 연계해야 할까? 이미 요즘 짓는 아파트 단지에는 보행자 중심의 단지 내 조경이 있다. 이 조경공간을 더 브라이언트처럼 적극적으로 사용하면 된다. 창을 크게 만들고 돌출형 테라스를 설치하면 우리도 더 브라이언트처럼 공적인 마당을 가질 수 있다. 이러한 형태의 주거는 코로나 시대 같은 펜데믹 상황에서도 사용하기 좋다. 결국, 주거공간의 작은 차이가 우리의 일상적인 공간에 큰 차이를 가져오는 것이다.

세 명의 건축가, 하나의 아파트

워터라인 스퀘어, 거주자들에게 최적의 주거공간을 제공하다

한국의 아파트를 디자인하는 사람은 누구일까? 일반적으로 한국에서 아파트를 설계할 때는 건축설계사무소 한 곳이 모두 맡아서 추진한다. 규모가 크든 작든 대부분 사무소 하나가 몇 개의 유닛 타입을 만들어 동별로 배치하고 단지 내 조경공간과 지하주차장, 편의시설, 상가 등을 설계한다. 이러한 방식의 공동주택은 한국이 한강의 기적이라는 경제의 고도 성장기가 시작된 1960년대부터 지금까지 이어져왔다. 따라서 아파트는 건설사가 주도하여 빠르고 효율적으로 짓는다. 이는 한국이 고도 성장기를 지나 선진국 반열에 오르면서 많은 문제를 야기시키고 있다. 경제가 급속도로 성장하던 때에는 이렇게 빠르고 효율적인 개발이 도시로 몰려드는 인구

를 수용하기에 적합했지만 2000년대 이후부터 이러한 개발은 도시의 획일화, 환경 문제, 주택의 상업화 같은 경제적, 환경적, 사회적 문제를 낳는 원인으로 지목되었다. 특히 주택이 획일화되면서 사람들의 일상을 담는 주거공간의 질이 아니라 위치에 따라 집값이 천차만별 변하는 기이한 현상이 발생해 지역 간 빈부격차도 심화되고 있다. 어차피 아파트 공간은 거의 비슷하므로 사람들이 교통과 학군이 좋고 부자들이 많이 사는 곳에 있는 아파트를 선호하게되었고 이에 따라 가격표가 다르게 매겨지고 있다. 이러한 한국의 아파트를 현대 시대의 다양한 문화와 라이프를 담는 공간으로 바꿀 수는 없을까?

뉴욕의 대표적인 주거 지역인 어퍼 웨스트 사이드에 있는 워터라인 스퀘어Waterline Square 아파트는 주거 문화에 대한 새로운 개념을 제시해준다. 워터라인 스퀘어의 개발사인 GID는 세 팀의 건축가를 초빙했다. 원래 프랑스 출신의 건축가 크리스티앙 드 포잠팍Christian de Portzamparc이 리버사이드 시티 센터 개발의 마지막 단계로 개발할 예정이던 이곳은 당시 개발사인 익스텔Extell 그룹이 GID에 땅을 판매하면서 새로운 국면에 돌입한다. GID는 건축가 KPF, 리처드 마이어Richard Meier, 라파엘 비뇰리Rafael Viñoly를 섭외하여 총 세 동의 공동주택을 디자인하도록 했다. GID의 회장인 제임스 린슬리James Linsley는 "각각의 건축물은 거의 사촌 같다"라고 평가하며 건축가들이 프로젝트에 대하여 지속적으로 소통해서 만들어낸 작

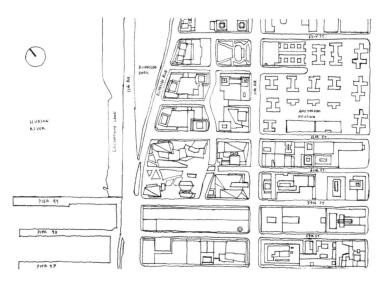

리버사이드 시티 센터 마스터플랜 스케치

품이라고 했다.

　워터라인 스퀘어의 사이트는 맨해튼 어퍼 웨스트 사이드 지역의 허드슨 강변에 있다. 약 6,100평을 개발하는 워터라인 스퀘어 프로젝트는 1,132개의 럭셔리 주거 유닛과 3,600평의 공원을 포함하는 개발이다. 링컨 센터와 브로드웨이, 허드슨 강변과 센트럴 파크가 주변에 있는 워터라인 스퀘어는 입지 조건이 좋다. 2016년부터 공사를 시작해 2019년에 입주했다. 워터라인 스퀘어는 프리츠커 건축상 수상자인 크리스티앙 드 포잠팍의 마스터플랜을 바탕으로 세 명의 세계적인 건축가가 디자인을 맡았다는 것만으로도 뉴욕에서 큰 이슈가 되었다. 프로젝트의 성격은 다르지만 2000년대 초반 한국에서도 세계적인 건축가인 OMA의 렘 콜하스 Rem Koolhaas, 마리오 보타 Mario Botta, 장 누벨 Jean Nouvel 이 서울의 삼성미술관 리움을 함께 디자인하며 큰 이슈를 만든 적이 있다. 이렇게 여러 명의 건축가가 하나의 프로젝트를 함께한다는 것은 특별한 기회다.

워터라인 스퀘어 프로젝트의 비용은 약 1조 3,000억 원이 투입되었다. 이 정도 비용이면 100층 규모의 초고층 빌딩 한 채를 지을 수도 있다. 이들은 왜 이 지역에 세 개의 건축물을 지었을까? 초고층 타워 한 동이 아니라 세 동으로 나눈 것은 그들의 전략일 수도 있고 뉴욕시에서 고층 건물의 건축 허가를 내주지 않았을 수도 있다. 어쨌든 그들이 세 개 동을 지은 것은 성공적이었다. 워터라인 스퀘어의 주거 유닛들은 뉴욕에서 가장 빨리 팔린 아파트로 〈아키텍처럴 다이제스트 Architectural Digest〉라는 매거진에 소개되기도 했다. 6개월 동안 263개 콘도 유닛 중에서 53개의 유닛, 약 2,000억 원 규모의 유닛이 팔렸다고 한다. 이들의 전략이 통한 것이다.

워터라인 스퀘어는 1, 2, 3 워터라인 스퀘어로 구성되어 있으며 저소득층 주거, 평균 가격의 임대 주거, 럭셔리 아파트 등으로 이루어져 있다. 지하의 어메니티 클럽 Amenity Club 에는 테니스 코트, 스파, 수영장, 헬스클럽 등이 있어서 단지 내의 중심 커뮤니티 공간으로 기능하고 있다.

워터라인 스퀘어는 각각 다른 건축가가 디자인했기 때문에 그들의 건축적 특징을 분석하고 관찰해보는 것도 흥미롭다. 먼저 1 워터라인 스퀘어는 워터라인 스퀘어 단지에서 두 번째로 큰 빌딩이며 리처드 마이어가 디자인했다. 전체적으로 세 개의 건축형태가 서로 맞물리며 조화를 이루는데 유리로 마감한 타워는 직선, 사선형으로 구성되어 있고, 수직, 수평으로 파인 창문이 리처드 마이어 특유의 조형 기법을 보는 듯하다. 또한 백색 건축가라는 별명답게 곡선형의 흰색 매스를 저층부에 결합하고 로비 공간, 차량 동선과 연계했다.

리처드 마이어는 모더니즘 건축의 거장 건축가인 르코르뷔지에 Le Corbusier 의 건축적 철학을 따르는 뉴욕 파이브 New York Five 의 멤버 중 한 명이며 르코르뷔지에의 건축에 가장 많이 영향받은 건축가다. 뉴욕 파이브의 다른 멤버로는 피터 아이젠만, 찰스 과스메이, 존 헤이덕, 마이클 그레이브스가 있는데 이들은 르코르뷔지에의 건축적 철학과 형태, 조형 기법, 공간 디자인 등을 계승한 하나의 학파다. 뉴욕을 중심으로 활동했기 때문에 뉴욕 파이브라는 이름이 붙었으며 르코르뷔지에 특유의 흰색 벽체 등에 영감을 받아 건축모형을 만들 때도 흰색으로만 만드는 특징이 있다. 이러한 특징을 계승한 리처드 마이어가 디자인한 1 워터라인 스퀘어에서 보이는 건축 조형 기법이 르코르뷔지에의 작품 중 위니테 다비타시옹 Unité d'Habitation, 1952 , 빌라 사보아 Villa Savoye, 1931 등에서 나타나는 형태적, 조형적 기법들, 창문 디자인과 유사한 경향을 볼 수 있다.

2 워터라인 스퀘어는 KPF가 디자인했으며 워터라인 스퀘어의 건축물 중 규모가 가장 크다. 646개의 유닛으로 구성된 2 워터라인 스퀘어는 직선과 사선형으로 이루어진 연속적인 매스의 조합이 잘 어우러진다. 마치 허드슨강의 물결을 표현한 듯한 이 건축물은 대부분의 외벽이 유리로 되어 있어서 투명하면서 개방성이 좋아 보인다. 사선형으로 기울어진 중심부는 편의공간으로 사용되며 크기가 다른 매스들로 이루어진 조형 때문에 자연스럽게 포디엄과 발코니 공간이 형성된다.

KPF는 대형 건축사사무소답게 한 가지 스타일이 아니라 보편적이면서 실용적인 건축 디자인이 특징이다. 그렇기 때문에 워터라인 스퀘어에서도 사이트의 중심부 공원의 측면부를 가로지르는 단순한 형태의 연속적인 건축 시리즈가 기능적이면서도 리처드 마이어, 라파엘 비뇰리가 디자인한 다른 건축물들을 더욱 돋보이게 하는 배경이 되는 듯하다. 이들은 서울의 새로운 랜드마크로 등극한 잠실 롯데타워 2017를 설계했다.

3 워터라인 스퀘어는 워터라인 스퀘어에서 가장 작은 건축물이며 라파엘 비뇰리가 건축설계를 담당했다. 이 건축물은 로켓 같기도 하고 빙산 같기도 하다. 사선형의 유리 벽체들이 여러 개의 뾰족한 삼각형을 이루며 덧붙여진 형태다. 조각품 같기도 하다. 3 워터라인 스퀘어가 공사 중일 때, 나는 라파엘 비뇰리의 사무소에

워터라인 스퀘어의 중앙광장과 수변공원

서 근무했는데 라파엘 비뇰리가 지금까지 해오던 건축적 형태와
방법론과는 달라 보여서 흥미 있게 지켜보았다. 일반적으로 라파
엘 비뇰리는 구조적인 디자인으로 기둥이나 보 등의 구조 요소를
노출시키고 기둥이 없는 주거 유닛이나 대공간을 덮는 독특한 구
조를 창조해내지만, 3 워터라인 스퀘어에서는 구조적인 요소들이
외부에서 보이지 않는다.

　　라파엘 비뇰리가 설계한 서울 종로 타워의 코어들이 은빛으
로 휘감긴 철골 구조 프레임을 노출시키는 하이테크 건축 표현 기
법과 대조적이다. 3 워터라인 스퀘어는 라파엘 비뇰리가 2020년에

맨해튼에 완성한 럭셔리 주거 빌딩인 277 5th 애비뉴와 외관, 재료적 표현이 유사해 보인다. 유리의 색깔과 회색의 메탈이 유리 외벽 사이에 수직으로 설치된 점 등이 비슷하다. 3 워터라인 스퀘어에는 사선형으로 유리 외벽과 알루미늄 메탈이 설치되어 더욱 긴장감을 준다.

유닛 평면도를 분석해보면 대부분의 유닛이 벽체가 사선형이어서 맨해튼의 뷰를 다이나믹하게 즐길 수 있는 장점이 있지만, 가구 배치나 실제 사용하기에는 조금 불편할 수도 있겠다는 생각이 든다. 이러한 사선형 벽체는 워터라인 스퀘어 근처에 건축가 비야르케 잉엘스Bjarke Ingels가 완성한 비아 57 웨스트VIA 57 West의 주거 유닛과도 닮았다.

워터라인 스퀘어 프로젝트를 답사하던 순간은 나에게 아주 깊은 인상을 남겼다. 이 프로젝트는 한국에서 소위 말하는 아파트 건축인데 무언가 다르다. 한국은 아파트 공화국이라는 별명이 붙을 정도로 아파트 단지를 많이 지어왔다. 그러나 수십 년 동안 똑같은 방식을 고집하는 것이 한국 건축가로서 아쉽다. 또한 도시의 맥락이나 주변 환경과는 상관없이 아파트의 상품성만을 고려하여 남향, 남동향, 남서향으로 건축물 전체를 2차원적으로 회전시킨다. 이는 아파트가 수십년 전이나 지금이나 공간적인 질이 거의 비슷한 이유 중 하나다. 한국의 아파트도 워터라인 스퀘어처럼 여러 명의 건축가가 한 동 또는 2~3개 동씩 디자인한다면 다채로운 공간

*   리처드 마이어 특유의 곡선형 건축형태
** 3 워터라인 스퀘어의 비워진 외부공간

과 라이프스타일을 사람들에게 제공하는 것이 가능하리라고 생각한다. 물론 이러한 프로젝트는 시간도 오래 걸리고 비용도 많이 들겠지만 제대로 된 주거공간을 사람들에게 제공할 수만 있다면 충분히 감수할 만하다고 생각한다. 그러므로 한꺼번에 대규모 아파트 단지를 개발하는 것이 아니라 장소의 특성을 고려하여 한 동이나 두 동씩 개발해야 한다.

라파엘 비뇰리의 사무소에서 근무할 때, 연면적 약 100만m²(약 33만 평) 규모인 2,400세대의 주거 유닛과 오피스, 리테일 공간을 개발하는 더 라이즈The Rise라는 대규모 복합시설 프로젝트를 수행했는데 180개의 다른 종류로 주거 유닛을 구성하여 사용자의 필요를 충족하고 다양한 라이프스타일을 제안했다. 프로젝트 기간도 공모전 기간을 포함하면 약 10년이 걸리는 대형 건축이었다. 그래서 나를 포함하여 180개 유닛을 디자인하던 우리 팀은 업무 강도가 굉장했다. 이렇게 많은 시간과 노동력이 들어가는 프로젝트였지만 더 라이즈의 개발사는 제대로 된 주거공간을 사람들에게 제공하고자 했다. 한국의 아파트가 수천 세대의 아파트 단지에 보통 4~6개 유닛 타입, 아주 많아야 10개 유닛 타입으로 구성되는 것과 다르다. 건설사 입장에서는 이렇게 설계하는 것이 시공의 효율성을 높이고 공사 기간을 단축할 수 있어서 좋을 것이다. 또한 빠르게 짓고 사람들에게 빨리 팔 수 있다는 장점도 있다. 그러나 가장 중요한 것은 아파트에 거주하는 사람들의 라이프인데 주거 문화는 제자리걸음을 하고 있다.

한국에서 빨리빨리 짓고 팔고 입주하는 형태로 진행되는 아파트 건축은 이제 지양해야 한다. 이러한 아파트는 개발도상국에서 아무것도 없는 도시 주변에 새로운 위성도시를 만들고 빠르게 사람들을 도시로 데려와 성장해야 할 때 주로 사용하는 전략이다. 또한 이러한 아파트는 대부분 철근콘크리트 벽식구조로 되어 수십 년 후 리모델링하기가 매우 어렵다. 1970년대, 1980년대에는 이런 방식이 효율적이었지만 한국은 이미 경제 규모가 세계 10위권이며 고도 성장기를 지나 안정기에 접어들었다고 할 수 있다. 이러한 시점에서 개발도상국처럼 공간의 질이 아니라 효율성만을 생각한 개발은 환경만 파괴할 뿐이다.

우리의 대표적인 주거공간인 아파트는 앞으로 어떻게 변해야 할까? 뉴욕의 워터라인 스퀘어는 3개 동, 1,132세대로 이루어진 아파트 단지이지만 건축가 세 명을 고용하여 뉴욕 맨해튼 어퍼 웨스트 사이드 지역에 질 높은 공간을 제공하고 있다. 각각의 건축가들이 제안한 건축물들은 각기 다른 스타일이지만 마스터플랜에 따라 하나로 어우러지며 평면, 입면, 단면으로 대표되는 공간이 다채로우면서도 흥미롭다. 또한 지상과 지하공간이 공원, 커뮤니티 시설로 연결되어 거주민뿐만 아니라 주변 도시에 거주하는 사람들이 이곳에서 새로운 도시적 커뮤니티를 누릴 수 있다.

한국에서 아파트 단지를 계속 개발해야 한다면 워터라인 스쿼어처럼 각각의 동을 다른 건축가가 설계하는 것은 어떨까? 어떤 동은 돌출형 발코니와 테라스가 있는 집이 배치될 수도 있고, 어떤 동은 기둥이 없는 유닛이 될 수도 있으며 다른 동은 라파엘 비뇰리의 디자인처럼 사선형 벽체로 구성될 수 있다. 한번 상상해보자. 하나의 아파트 단지에 20명의 다른 건축가들이 설계한 20개의 다른 동들이 어우러지는 모습을.

뉴욕,
공간의 기억

내가 2020년 12월에 출간한 《뉴욕 건축을 걷다》는 뉴욕의 주요
30개 건축물을 우리가 일상에서 가장 많이 접하는 건축유형인 문
화, 주거, 상업, 교육 건축으로 챕터를 나누고 건축가와 건축물에
대한 분석과 연구를 통해 뉴욕의 건축과 도시공간의 가치를 탐구
하는 책이다. 이와는 조금 다른 맥락이면서 좀 더 폭넓은 관점에서
뉴욕의 건축적, 도시적, 역사적, 인문학적 이야기를 엮은 책이 《뉴
욕, 기억의 도시》다. 뉴욕이라는 도시의 형성 과정과 역사적, 인문
학적 이야기를 조명하고 건축과 도시공간이 사람과 어떻게 어우러
져야 하는지 연구하고 분석한 책이다.
　　두 권의 책을 출간하면서 4년 동안 유학하며 살았던 뉴욕이라

는 도시를 좀 더 깊이 이해할 수 있는 계기가 되었으며, 그곳에서 보고 듣고 배운 내용을 한국에 소개할 수 있어 감사한 마음이 들었다. 나는 건축가로서 서울과 뉴욕이라는 초대형 도시를 직접 경험할 수 있었고, 이는 미래에 건축작업을 수행할 때 큰 자산이 될 것이라고 확신한다.

서울은 뉴욕과는 다르게 다문화Multi-Cultural 도시가 아니다. 조금 더 보수적으로 느껴지기도 한다. 뉴욕은 다양성 면에서 세계 최고를 자부한다. 전 세계에서 몰려드는 유학생들, 다양한 인종과 언어, 문화가 뒤섞이면서 독특한 도시를 이룬다. 뉴욕에서는 모든 것이 가능해 보인다. 건축가로서 나는 뉴욕이라는 도시를 건축적, 도시적 관점에서 바라보고 해석했다. 프리츠커 건축상을 수상한 네덜란드 OMA의 건축가 렘 콜하스Rem Koolhaas는 1978년에《광기의 뉴욕Delirious New York》을 출간하며 뉴욕을 배경으로 새로운 논평을 제시했다. 이는 뉴욕이라는 도시가 가진 가능성과 건축적, 도시적 파워를 이야기하는 듯하다.

뉴욕은 세계 건축계를 이끄는 도시라고 해도 과언이 아니다. 세계 최고의 건축가들이 뉴욕을 무대로 경쟁하며 뉴욕에 괜찮은 건축물을 남기면 국제적으로 주목을 받는다. 그렇기 때문에 젊은 건축가들은 뉴욕에서 정말 치열하게 경쟁한다.

서울은 어떨까. 서울은 세계적인 건축가들이 자신의 아이디어를 구현하는 도시 같다. 그들은 서울에서 치열하게 경쟁하지 않는다. 오히려 서울을 자신의 건축적 철학과 생각을 시도해보고 실험해보는 장소로 사용하는 듯하다. 국내 건축가들은 이들을 지켜보는 것 외에는 방법이 없다. 아니면 이들의 기본설계안을 받아 실시설계를 협력하여 진행한다. 이들의 명성은 건축물과 기업을 홍보하는 유용한 수단이 되기 때문이다. 서울이라는 도시의 정체성에 대해 바다를 건너온 외국 건축가들이 새롭게 재해석하고 새로운 건축을 논하는 것은 어찌 보면 아이러니하다. 이들이 한국인의 정서와 도시, 문화를 얼마나 이해할지는 의문이다. 2010년대 이후에 지은 외국 건축가들의 작품은 정말 멋지다. 한국에서는 볼 수 없는 디테일과 건축형태, 그들의 철학. 그러나 한국적이라거나 한국의 정서, 감성과 잘 어울린다고는 쉽게 말할 수 없다.

《뉴욕, 기억의 도시》를 통해 서울과 한국의 여러 도시의 건축과 도시공간에 대해 한 번 더 생각해보면 좋겠다. 서울은 뉴욕과 다르다. 서울다운 건축과 도시는 무엇일까? 좀 더 확장해서 한국다운 건축과 도시공간은 어떻게 나아가야 할까? 나는 한국다운 건축에 집중하기보다 건축이 지어지는 장소에 좀 더 초점을 맞춰서 생각해보기를 제안하고 싶다.

이 세상에 똑같은 조건의 땅은 단 하나도 없다. 땅의 가치와 환경, 조건 등은 바로 옆 땅일지라도 다르다. 건축물이 지어지는 장소가 어디냐에 따라서 보행동선, 주차동선, 건축물의 배치와 형태, 오픈 스페이스, 창문 배치, 건축 법규 해석 등 모든 건축설계 조건이 다르게 디자인되어야 한다. 건축과정에서 장소에 집중한다는 의미는 주변 도시를 해치지 않고 조화하는 건축 공간을 말한다.

뉴욕이라는 도시는 언뜻 높고 화려한 형태의 건축이 눈에 띄지만 자세히 보면 주변 도시의 콘텍스트와 조화하며 공존하는 건축물이 대부분이다. 책에서 언급한 소호의 스칼러스틱 빌딩알도 로시, 2001 이나 하이 라인 공원 옆의 휘트니 뮤지엄렌조 피아노, 2015 등이 이러한 건축을 보여주는 좋은 예시다.

서울은 어떠한가?
아파트 공화국이라고 불리는 서울, 그리고 대한민국.

아파트는 한강의 기적으로 대변되는 한국의 초고속 성장을 상징하고, 현대 대한민국의 가장 보편적인 주거양식이 되었다. 건축가들은 왜 한국의 아파트를 부정적으로 생각할까? 아파트를 자세히 분석해보면 1970년대에 지은 것이나 지금 짓는 것이나 별반 다르지 않다. 시공성과 공기 단축, 빠른 판매를 위해 비효율적이며 지속 가능하지 않고 친환경적이지 않은 철근콘크리트 벽식구조와 내단열 방식 그리고 콘크리트 외벽에 페인트칠을 하는 것은 예전이나 지금이나 똑같다. 달라진 면이 있다면 아파트가 더 높아지고 단지 내 조경, 넓은 지하주차장, 편의시설이 추가된 점이다. 이러한 공간들은 입주민의 편의를 증대할 수는 있지만 본질적인 라이프스타일은 변화시키지 못한다. 특히 철근콘크리트 벽식구조는 기둥과 보로 이루어진 철근콘크리트 라멘 구조보다 공간적 유연성이 부족해서 미래의 라이프스타일을 반영하는 데 한계가 있다. 이는 수십 년 전에 지은 아파트를 철거하고 재건축하는 이유 중 하나이기도 하다. 뉴욕의 아파트는 대부분 기둥과 보로 구성된 라멘 구조로 지어 외벽과 인테리어를 리노베이션하면 완전히 새 건물이 되기도 한다.

한국도 장소 하나하나에 집중해서 개발한다면 지금보다 좀 더 좋은 건축, 도시공간을 가질 수 있다. 아파트 단지에서도 동별로 다른 건축가들이 하나의 장소에 집중해서 설계한다면 지금보다는 훨씬 좋아질 것이라고 믿는다. 이는 경제적인 관점을 무시하라는 것이 아니다. 경제적인 것과 도시 라이프가 적절하게 조화되는 것이 중요하다. 아파트 자체가 나쁜 것이 아니라 장소와 새로운 라이프스타일에 대한 존중보다 상품성이 강조되었기 때문에 획일적이고 주변 도시를 압도하는 결과가 나오는 것이다. 이 책에 나오는 뉴욕의 건축과 도시에 대한 이야기를 통해 한국도 시대에 발맞추어 도시적 라이프를 진지하게 고민해보는 계기가 되면 좋겠다.

뉴욕, 기억의 도시

1판 1쇄 인쇄 2023년 7월 28일
1판 1쇄 발행 2023년 8월 11일

지은이 이용민
펴낸이 김성구

책임편집 조은아
콘텐츠본부 고혁 김초록 이은주 김지용 이영민
디자인 pulhae
마케팅부 송영우 어찬 김지희 김하은
관리 김지원 안웅기

펴낸곳 (주)샘터사
등록 2001년 10월 15일 제1-2923호
주소 서울시 종로구 창경궁로35길 26 2층 (03076)
전화 02-763-8965(콘텐츠본부) 02-763-8966(마케팅부)
팩스 02-3672-1873 | 이메일 book@isamtoh.com | 홈페이지 www.isamtoh.com

ISBN 978-89-464-2254-4 03540

- 값은 뒤표지에 있습니다.
- 잘못 만들어진 책은 구입처에서 교환해 드립니다.

샘터 1% 나눔실천

샘터는 모든 책 인세의 1%를 '샘물통장' 기금으로 조성하여 매년 소외된 이웃에게 기부하고 있습니다.
2022년까지 약 1억 원을 기부하였으며, 앞으로도 샘터 책을 통해 1% 나눔실천을 계속할 것입니다.